导 读

本书针对主题餐厅、特色咖啡馆、公共空间店铺、个性综合店铺等进行解读，将国内外优秀店铺案例中软装如何应用，颜色如何搭配，进行深入的分析。同时也让读者看到店铺因经营理念不同而呈现出来差异性的设计，再次证明传统的店铺设计逐渐被新的设计所取代，满足店主的同时也取悦了消费者。

“插花教程和色彩教程”则是情怀的延展和对空间色彩的解读，10个蓝色空间的软装搭配经典解读，“编辑推荐”部分则是推荐几款设计感十足的家具产品、几本空间设计的书籍、口碑极好的网店等，全方位的为读者展现店铺设计中所需要的设计细节。

店铺的软装

——未来软装的先锋试验场

国际纺织品流行趋势
软装 mook 杂志社　编著

江苏凤凰文艺出版社
JIANGSU PHOENIX LITERATURE AND ART PUBLISHING, LTD

图书在版编目（CIP）数据

店铺的软装 ：未来软装的先锋试验场 / 国际纺织品流行趋势·软装mook杂志社编著．-- 南京 ：江苏凤凰文艺出版社，2018.1
ISBN 978-7-5594-0978-2

Ⅰ．①店… Ⅱ．①国… Ⅲ．①商店－室内装饰设计 Ⅳ．①TU247.2

中国版本图书馆CIP数据核字（2018）第000309号

书　　名	店铺的软装 —— 未来软装的先锋试验场
编　　著	国际纺织品流行趋势·软装mook 杂志社
责任编辑	聂　斌
特约编辑	高　红　刘奕然
项目策划	凤凰空间/郑亚男
封面设计	米良子　郑亚男
内文设计	米良子　高　红
出版发行	江苏凤凰文艺出版社
出版社地址	南京市中央路165号，邮编：210009
出版社网址	http://www.jswenyi.com
印　　刷	上海利丰雅高印刷有限公司
开　　本	889 毫米×1 194 毫米 1/16
印　　张	16
字　　数	128千字
版　　次	2018年1月第1版　2023年3月第2次印刷
标准书号	ISBN 978-7-5594-0978-2
定　　价	258.00元

目 录

1 店铺流行趋势

趋势

Coffee
enjoy

1

店铺软装流行趋势
TREND

两本书教你看透用“店铺软装的奥秘”

主题餐厅

特色咖啡店

优雅的公共店铺

多功能店铺

本页图在两图书中的位置：
第 19 届 – 第 7 页

>>> 1.1

两本书教你看透“店铺软装的奥秘”

——《室内设计奥斯卡奖：第19届安德鲁 · 马丁国际室内设计大奖获奖作品》解读
——《室内设计奥斯卡奖：第20届安德鲁 · 马丁国际室内设计大奖获奖作品》解读

安德鲁 · 马丁奖是室内设计界的风向标。这个国际奖项收录了国际上众多名家的设计案例，在艺术性、生活性上不仅具有很高的水平，也极具权威性。

安德鲁 · 马丁奖被《时代周刊》《星期日泰晤士报》等主流媒体推举为室内设计行业的“奥斯卡”。安德鲁·马丁国际室内设计大奖由英国著名家居品牌安德鲁·马丁的创始人马丁 · 沃勒设立，迄今已成功举办 21 届。作为国际上专门针对室内设计和陈设艺术的大赛，每年都会邀请英国皇室成员、国际顶级设计大师、社会各行业精英等，多领域权威人士担任评审，从而保证了获奖作品的社会代表性、公正性、权威性及影响力。

安德鲁 · 马丁奖的案例每年都会以图书、画册的形式对外发布，但有部分读者反映，案例很好，图片很好，但是具体为什么好，看不懂，所以我们将定期拆解安德鲁 · 马丁奖的获奖案例，对其中一个方面进行解读。

今天，我们解读第 19 届和第 20 届安德鲁 · 马丁国际室内设计大奖获奖作品中“店铺空间中的软装”的运用。通过这些作品，了解国际大奖获得者们如何将店铺的软装演绎成有趣的设计元素。

本页图在两图书中的位置：
第 20 届 – 第 297 页

本页图在两图书中的位置：
第 19 届 – 第 284 页

金、木、水、火、土
—— 五行元素重组
传统空间的现代升级

本页图在两图书中的位置：
第 20 届 - 第 293 页

本页图在两图书中的位置：
第 19 届 — 第 198 页

香瓦、青砖、传统绘画和符号
——传统元素新式排列
婉约又现代

本页图在两图书中的位置：
第19届－第196页
第20届－第457页

本页图在两图书中的位置：
第 19 届 - 第 398 页

本页图在两图书中的位置：
第 19 届 - 第 399 页

怀旧木板材
——木质立面材料外露
"拼"出不一样的店面氛围

本页图在两图书中的位置：
第 19 届 - 第 397 页

本页图在两图书中的位置：
1. 第 19 届 – 第 47 页
2. 第 19 届 – 第 46 页

1

2

本页图在两图书中的位置：
第 19 届 - 第 508 页

轻快的颜色
——使空间更加“欢乐”的简单法宝

七彩灯光和灯具
—— 让平淡空间秒变"异"空间

本页图在两图书中的位置：
第 19 届 - 第 34 页

本页图在两图书中的位置：
第 19 届 – 第 50 页

本页图在两图书中的位置：
第 19 届 – 第 177 页

牛仔蓝与木色
——互补色对撞出时尚和率真

本页图在两图书中的位置:
第 20 届 - 第 26 页

本页图在两图书中的位置：
第 20 届－第 71 页

本页图在两图书中的位置：
第 20 届－第 70 页

本页图在两图书中的位置:
第 20 届 – 第 146 页

纸牌墙、七彩椅子、霓虹灯、面具……
——小元素的放大与反复运用
娱乐氛围渲染的利器

本页图在两图书中的位置:
第20届－第144页

铁艺万字墙、隧道、火车头、裸砖墙与水泥
—— 复古工业元素大集合
空间趣味升级

本页图在两图书中的位置:
第 20 届 - 第 330 页

本页图在两图书中的位置:
第 20 届 - 第 75 页

本页图在两图书中的位置:
第 20 届 – 第 329 页

WIFI

>>> 1.2

主题餐厅

餐厅，不仅仅是就餐的场所

“民以食为天”，餐厅与我们的日常生活密切相关，因此就餐环境就显得尤为重要。一个好的就餐环境不仅能吸引顾客，还能直接影响就餐者的心情。

一般来讲，一个餐厅的店面布置、整体空间布局以及内部空间、座位等细节的设计，在满足流畅、便利、安全要求的同时，也要有一定的主题。

第一个“主题餐厅” 的出现是在 20 世纪 90 年代，其独特的餐饮概念，别具一格的装饰布置，使前来就餐的顾客既可以品尝到美味佳肴，同时又能体会到餐厅的文化氛围。

主题餐厅通过一个或多个主题使人们进入到期望的主题情境，“身临其境”地重温某段历史，感受某种氛围。

这里对 7 个主题餐厅空间的整体布局和内部装饰进行展示和解读，更加深刻地挖掘设计师对主题的理解。

坐标：荷兰，阿姆斯特丹

蜂巢主题餐厅

—— 自然生机

设计公司：i29 interior architects
施工单位：Berghege
家具供应商：Office Dock
摄影：Ewout Huibers
文 / 编辑：高红 吴雪梦

“i29”室内设计工作室为阿姆斯特丹最大的百货集团 De Bijenkorf 旗下的乌得勒支分店打造了一家餐厅——“蜂巢”(The Kitchen)，为前来就餐的顾客提供了高品质的消费体验。餐厅占地 850 平方米，设计师用富有新意的室内设计打造一个新鲜并富于变化的开放式厨房，提供多种风味的菜品，感受食物在舌尖上的跳动。多样的座椅摆放模式，可私密，可开放，在满足食客就餐需求的同时，也给予他们更多的开放性选择。

三角形的开放式座位区摆放着多个玻璃隔断，纯黑色与原木色桌椅交叉摆放，紧邻生机勃勃的植物墙。设计师在空间内使用了很多不同材质的设计元素：粗糙的木质表面与光滑的玻璃隔断，青翠的植物和纯白色的天花板等，鲜明的对比带来了视觉与触觉的双重冲击。吊灯与地砖都融合了细腻的铜色，呼应着空间内的黄色玻璃隔断。所有织物均为定制，配合空间色彩的主视觉。

为了迎合 De Bijenkorf 的企业品牌，“i29”室内设计工作室依据其蜂窝形 LOGO 定制出充满活力的六边形瓷砖，铺满整个地面，吧台和餐台也用它来装饰。餐厅的整体设计既保证了天然材料的使用，又达到了细节的极致。

在餐厅整体的黑白色调中加入错落在用餐区的绿植，凸显健康的理念。透明的厨房设计在视觉上穿透空间，健康卫生的食物制作过程尽览眼中，让你放心愉快地度过餐饮时光

座椅摆放方式灵活，选择性高。绿植墙中间镂空为餐桌，既增加了空间使用功能，
又开阔空间视觉

半开敞的厨房以菜系为分隔，凸显店家对美食和顾客认真负责的态度

原木色和白色搭配的操作台，既凸显了厨房空间，又丰富了厨房的色彩

绿植墙与玻璃展柜围合出较私密的空间，位于绿植中间的餐桌椅，让人有种在森林中用餐的错觉，清新静谧

MUTTI
Ciliegini

左页图：香槟色的玻璃展柜分割空间的同时，点亮空间视觉，与重色的餐桌椅形成对比，凸显了空间的活力和张力

右页图：地面上看似不起眼的六边形，拼接出休闲简约的装修风格，带来了意想不到的效果，让餐厅成为艺术的殿堂，凸显其时尚感

左页图：马赛克元素小巧玲珑、个性随意，黑白配的色调使得整个空间和谐统一而灵气倍增
右页上图：作为一种隔断设计，“V”形摆放的屏风构造出似隔非隔的遮蔽效果，从而打造空间的层次与错落的立体感，是功能与美感的结合
右页下图：实木和黑色铜制餐桌椅极为简约，搭配落地窗和马赛克过渡，使空间视野开阔、光线充足、时尚大方、现代感十足

坐标：湖南，长沙

“晾面架”中餐厅

——美食印象

项目设计：Lukstudio 芝作室
项目团队：陆颖芝 Alba Beroiz Blazquez 蔡金红 林宝意
摄影师：Peter Dixie 洛唐建筑摄影
文 / 编辑：高红 吴雪梦

面条是中国随处可见的街头小吃。在大部分面馆都仅钻研口味的趋势下，一些商家独辟蹊径，将优质的店铺设计作为不可或缺的成功秘方，隆小宝就是其中之一。这个新团队在长沙小试牛刀，力图把钻研多时的地道邵阳米粉推广到全国各地。Lukstudio 芝作室受邀为其打造品牌创始店。为了将传统制面工艺引入到空间设计中，设计师们用现代语汇重新诠释了“晾面架”这一传统元素。

湘江畔的购物大道上，一间占地 50 平方米的面馆散发着宁静而独特的韵味。竹子倒模浇筑的混凝土外立面上，两个相映成趣的钢盒子穿墙而出：左边略高的一个看起来冷静封闭，右边的有着脚手架一样繁复的面孔。三个元素并置在一起，为食客开启入店探索的旅程。

从左侧“盒子”进入店内，一个简约内敛的空间映入眼帘：前台嵌缀着曾用于浇筑混凝土的竹模，与外立面相呼应；水泥素墙衬托着由橡木盒子和简单屏幕组成的背景墙。转身步入用餐区，围绕着铁架子的光晕将空间的丰富层次展开：墙体原本的砖块与水泥结构露出来，与铁架子共同营造出粗犷的背景；层层叠叠的铁架子中，精心布置的木盒子展示着光洁的瓷器；一束束细密的钢丝“面条”优雅地垂挂着，微微映着灯泡的暖光，成为整个空间的亮点。每一个细微处都体现了主人的用心，给客人一种晾面架下进餐的愉快体验。

粗糙质朴与细腻精致、东方传统与现代诠释，Lukstudio 芝作室通过这样的融合让店铺成为连锁快餐和高档餐厅的混合体，改变了大众对平常面馆环境的一般印象，展示了传统中式美食店也可以像咖啡厅一样令人流连忘返的潜质。

层层叠叠的铁架子与白色钢丝"面条"的下垂，围合出就餐空间，长条形餐桌巧妙地搭在铁架子上，省去了桌腿构造。精心布置的木盒子装饰摆放着光洁的瓷器，使空间显得精致优雅

使用传统但过时的 A19 灯泡，点亮上层空间的同时，也丰富了空间的层次，使整体框架在视觉上得到延伸。白色的灯光为钢丝增添了一丝柔和

左页图：绳索像面条一样，在灯光的照射下，熠熠生辉、质感十足，让人食欲大开
本页图：素色的水泥墙面与木材的细腻形成对比，使店铺在两种风格的融合下和谐统一。墙面触感虽没有那么平和柔美，却多了几分粗犷而随和的气息

隆小寶

左页图： 店面外部空地使用混凝土铺装，使室外空间与店铺相呼应。极简的桌子造型与铁艺编织的椅子点缀了室外空间，同时彰显城市的大气与包容。中国传统的晾面架便是用竹子制作，考虑到竹子材质的使用期，本设计改用混凝土倒模浇筑出竹子的形状，既有传统味道又独具创新品味。店面外部由三个不同空间层次的方盒子构成，元素统一，立面雅致而有格调

右页左图： 面条的 Logo 简洁清晰，一眼便知店内所经营之物，不同体积的方体组合丰富空间。晚间的暖黄色灯光照射在锈色的墙体营造出安静、整洁的氛围。进入其中，似漫步在老街一般缓慢悠远

右页右图： 混凝土竹模经过光影照映营造出内敛的气息

坐标：中国，云南，昆明

朴灶中餐厅

——水乡韵味

项目设计师：徐旭俊
设计公司：亿端国际设计（上海）有限公司
团队成员：徐旭伟 常涛 张强龙
摄影：徐旭俊
文 / 编辑：高红 刘奕然

现代社会，人们越来越执着于新鲜事物，对生活“质感”的要求也越来越高，主题餐厅就是其中的“沦陷品”之一。为了迎合人们求奇追新的心理，从装修到菜系，商家都费尽心思。“朴灶餐厅”的设计理念就是在当下世俗流行泛滥的背景下，突破千篇一律的僵化模式，因此设计师别出心裁地选用“江南水乡”作为整体设计风格。

一切设计由概念出发，围绕功能进行细节设计。朴灶餐厅的设计灵感来源于“水”。“民以食为天”，而饮食更是离不开水，水是整个设计的主线。设计师由水联想到船，又有了室内多数元素的取材。“江南水乡”的设计风格作为一种与自然和谐相处的人类集聚状态，户户邻水，家家枕河，处处透露着自然宁静的气氛。而作为水乡人生活必不可少的船只元素点缀在朴灶餐厅的各处。结合江南水乡的特色元素，朴灶餐厅无论是空间布局还是摆设装饰，无一不显示着平和与古朴的民风。

自古以来，江南水乡就吸引了不少文人墨客，咏赞水乡的诗词数不胜数，这就为餐厅平添了些许水墨气和典雅气质。室内空间分布错落有致，营造浪漫与古朴的巨大反差空间，折射出与主题的契合——扑拙之心，灶烹佳肴。

四方桌八人座，摆放密集却不拥挤，家庭氛围强烈。墙壁上的展示柜中摆放的陶罐使整个空间生动而和谐

木船的造型是整个室内装饰的出彩之处。选用透明玻璃作为桌面平台，高度、角度都符合人体工程学，中间用弧线形筛网作为桌面隔断，新颖有趣。坐在桌边俯视船只，如亲临江南水乡一般。重叠的小木舟就像水乡边停靠的小码头一样，起到了分割空间的作用。地上不规则鹅卵石的地面让空间更加自然，合理地划分空间，营造自然的格调

自然下垂的麻绳灯、两侧的土墙梯田、粗麻石的扶手，无不体现着崇尚自然的理念

山体索道就餐抬高区让空间错落有致，墙上随处可见的民风装饰，也使餐厅的主题更加鲜明。不规则墙壁是设计师刻意而为，通过凹凸不平的墙面和不规则的墙体轮廓来体现浓郁的民风，但桌椅的平整和精细度又凸显出粗犷却不粗糙的设计风格

餐厅结合当地的梯田种植景观制造出空间层次错落的感觉，室内桌椅沿曲线摆放，整齐而有趣。整个空间的“土味”就是设计师想要营造的古朴民风效果

每个餐桌之间都立着月白色的半透明落地屏风，既有私密感又不会有封闭空间的烦闷感。月白色的纱网更是增添了几分水乡的温柔与神秘

房顶的巨大船只也十分吸睛。“船”和“水”作为设计灵感，设计师将空间构造得错落饱满，人坐在船边可以体验身置舟上的感觉，抬头后又会产生身置水下的错觉

整体设计色调偏暗黄和土黄，多处做旧设计，营造出古朴的氛围。房梁和中心柱都以木质为主，地面褐色偏重，符合传统民居的古朴风格。从空间的挑高处看整个的桌椅排列，弧形排列的木舟桌子就像一堆缓缓划来的小船，几条小船仿佛悠闲的游弋在江南的水道上，空间两岸增加一个错层，让水道仿佛成为天然的水面，令人叹为观止

坐标：中国，香港

香港Kasa茶餐厅
——融合之美

设计公司：Lim + Lu 林子设计
设计师 Elaine Lu（盧曼子）Vincent Lim（林振华）
摄影师：Dennis Lo Nirut Benjabanpot
文/编辑：高红 吴雪梦

KASA 餐厅位于香港中环，是威灵顿街午餐时间的一个新去处。餐厅的设计理念非常清晰简洁：健康、可外带、无国界融合料理。

香港作为全球各地人民的集聚地，也是东西文化的交融点。各个国家和地区的菜都可以在这里见到，经过长时间的洗礼，香港形成了一套独特的中西融合的饮食文化。设计师的设计灵感始于对香港文化含义的深度探索。传统市场和霓虹灯下璀璨的街景是人们对香港的直观印象。茶餐厅是香港的本土饮食场所，是结合了华人智慧与西方文化创造出的香港本土建筑，符合当地人的饮食习惯。

为了给顾客传递“新鲜”这一特质，设计师选用了香港传统市场中常用的灯具样式——吊灯。吊灯可以说是新鲜的代名词——每天都会摆卖当日渔获的海产品及新摘的果蔬。设计师希望通过吊灯这些小细节唤醒人们脑海中熟悉的画面。

卡座、镜子、瓷砖墙和地板赋予了餐厅生动的魅力和个性。餐厅的主体色调由绿色和粉色瓷砖衍生出来，传递着新鲜和年轻的概念。为了满足节奏匆忙的白领们的午餐需求，餐厅采用完全折叠的折叠门将门头最大化，从而使餐厅变成了街道的延伸。进入餐厅，顾客仿佛看到了另外一个建筑立面，人们可通过此立面的窗户从上面窥探室内，透明门的设计模糊了室内外界限。

餐厅中东西融合的细节随处可见，通过对比鲜明的材料和设计项目的运用，来实现这一想法，即采用常见的中国餐馆的材料，搭配西方餐厅中的元素，天然的马赛克搭配精制大理石。

被霓虹灯充斥着的香港街景，这些发光的玻璃管作为香港 DNA 的一部分，被设计师运用在在厨房上方“健康饮食”的标识上

CHATEAU LA DOMINIQUE
GRAND CRU CLASSE
SAINT-EMILION
2007
6 Btles
CAIAROSSA
2006
ITALIA

右页图：蓝色与米黄色的搭配营造出文静、理智、明快和洁净的氛围，使空间不沉闷，犹如空气自由流通的感觉。马赛克瓷砖与大理石地面的不规则铺装透出一种“港味儿”的烟火气和“江湖气”

左页图：木色的置物箱与透明色的玻璃容器将空间烘托得分外温馨

左页图：粉色和绿色为餐厅注入活力，配合传统茶餐厅的瓷砖与老式窗型，传统与现代完美融合。小的细节能起到点睛作用，重色调的餐具和暖黄色的灯具丰富了空间层次又不喧宾夺主

右页上图：背景墙借鉴了“冷抽象”画派的风格，运用线、面、色块装饰背景，粉色柔和、清新生动，蓝色理智、明确，凸显设计的新鲜、健康

右页下图：简约流畅的线条，实用的功能，点到为止。简约不仅是一种生活方式，更是一种生活哲学

坐标：中国，吉林，长春

雪月花日本料理

——琴诗酒伴

设计公司：上海黑泡泡建筑装饰设计工程有限公司
主案设计师：孙天文
设计师：曹鑫第
摄影：张静
文 / 编辑：高红 杨念齐

日本文化中，雪月花象征着自然界所有的美丽事物。日本著名作家川端康成在诺贝尔文学奖作品《我在美丽的日本》中用“雪月花”阐述了日本传统的美与文化。当自己由于某种美而获得幸福时，便会热切地想念知心的朋友，但愿能够与他们共同分享这份快乐。这就是说，美的感动，强烈地诱发出对人的怀念之情。

雪月花日本料理位于长春市天富路与生态大街，顾客一进门就会被蓝冽的 LED 光带和柔和的暖黄色灯光所交错出的阴阳、冷暖的视觉效果震撼。座位周围樱花的玻璃雕饰，在蓝 LED 光的映射下就像花与雪飘零的静夜。餐位周围昏黄的灯光像暖暖的烛光，又像皎洁的月光洒在小屋，一动一静，一阴一阳，使人仿佛身临其境，置身美不可及的雪月花中，与挚友把酒言欢，共渡此良辰美景。

提起日式料理，我们总能一下想起日本古香古色的传统装修和细致的料理交融在一起的场景。雪月花日本料理的设计初衷，就是要打破传统形式带来的潜在影响，在美好的时辰，邀请三两好友，让人在品尝酸甜苦辣之时，通过味蕾和变幻莫测的环境，感受到欢喜哀愁，诉说衷肠，把酒言欢。用极简又超现代的风格，将料理的每一丝的心意展现得淋漓尽致。

“少就是多”，餐厅的室内装饰简洁明快，大面积空旷处，没有多余的装饰，仅用蓝色与黄色的背景灯光相互穿插，雕刻着樱花的超白玻璃又展现出简约而不简单的“艺术”，契合日式料理对禅意的追求，给人带来梦幻感，藏灯泛光的处理也让整个空间笼罩着强烈的未来感

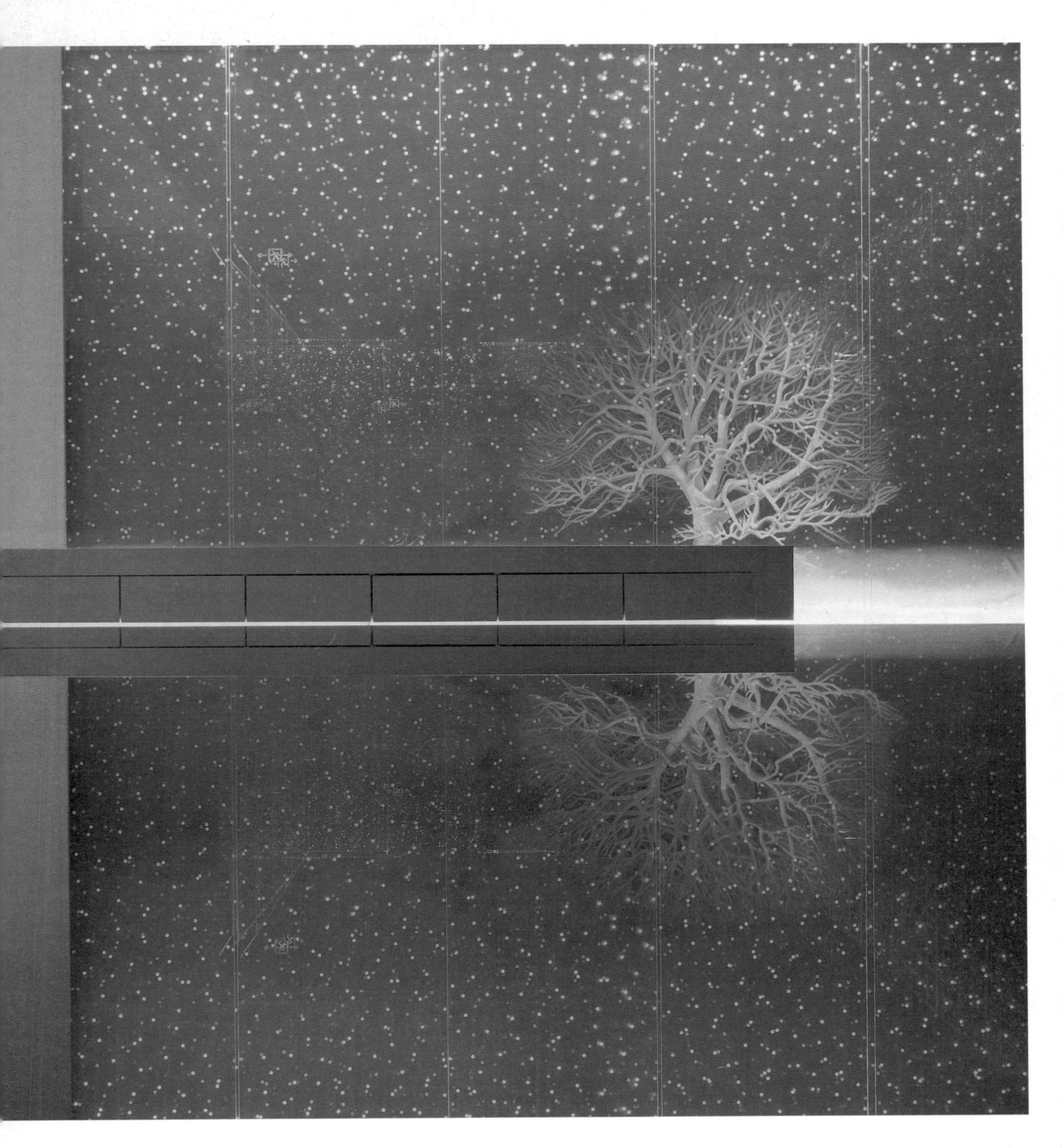

跨页图： 昏暗的灯光背景与极致简洁的家具组合。餐桌处采用柔和的黄色光，一是营造出温暖的感觉，二是柔和的灯光能够中和食物的色彩，使食物看起来更加诱人。而寿司台采用的是自然的白光，还原食物本身的颜色，便于厨师对于食材的辨别

右页下图： 整个餐厅的装饰以木纹肌理的木材为主，契合日式料理对于禅意的追求。桌椅的设计，在传统日本以矮桌加跪坐的基础上，升级成中间镂空可以放置腿脚的形式，更加自由。黄色灯光为就餐区，与蓝色灯光的装饰走廊相区别，营造出外冷内热的感觉，以及在大雪纷飞的夜里于温暖的房间内用餐的舒适感

"雪月花"是日本的惯用语之一，
泛指自然界所有的美丽景物

“今夜雪纷纷，许是有人过箱根”、“更怜风雪漫月身”、“喜见雪朝来”、“花不为伊开”，这些雕刻着樱花的超白玻璃，蓝色的LED 光带似乎都在诠释着日本和歌绯句中美丽浪漫的景象。雪月花代表了自然万物，也代表着人一生的欢喜哀愁

左页图：一进门，仿佛置身于一个冰蓝色的世界，如梦如幻，仿若海洋中飘落着的浪漫樱花。这个狭长的入口意在给餐厅增添一丝神秘感，不远处的身着和服的妙龄少女为客人表演茶道艺术

右页图：处于蓝色雕花玻璃包裹中的餐桌，客人们在其间用餐，于玻璃的透明中，身临雪月花之境，散落的樱花花瓣和雪花又能营造出轻盈、朦胧、神秘的感觉

“琴诗酒伴皆抛我，雪月花时最忆君。”
——白居易《寄殷协律》

坐标：中国，深圳

城市牧场 原牛道福田店

——自然原味

设计公司：中绘社设计事务所
设计师：许思敏 林佳 梁恩 曹苑
摄影：范文耀
文 / 编辑：高红 代胜棋

现代社会，紧张的生活节奏使人与自然的关系逐渐疏远和隔离，本设计以“城市牧场”为主题，展现一种张扬个性、回归自然的消费空间。吧台、VIP 包房和开放式橱窗充斥着自然元素，并用自己的方式来定义生活。

空间设计上大量采用开放式的设计手法，比如开放式橱窗的设计。橱窗中展现出的新鲜牛肉与厨师的娴熟刀法，撩动想要大快朵颐的满腹食欲。在设计语言中传达思想形态，复古组合搭配清新绿色，体现了一种自然感。这种复古的排列分布在天花、墙壁和地面上，各不相同，具有强烈的视觉引导。

包厢与包厢、座位与座位之间都有绿色隔区，具有保护隐私、自由行走的功能。临窗的方向以绿植为帘，为自然的视觉表达注入了直观的思想。复古的空间内，类似“豆腐块”似的极简风格的格局，洋溢着年轻人独有的戏谑情调。顶部吊灯路灯式的设计，使空间内的线条跃动起来，避免悬挂式吊灯的呆板。设计师尝试使用卡通火车储物柜这一新鲜元素，分隔空间的同时，达到了缓解视觉疲劳的效果。

后边的图书并非装饰，饭前饭后随便拿起一本，细细品读，好书配好食，可谓人生一大快事。

进门的角落被打造成具有特色的阅读区，黑色的书架配上花草的装饰品、童趣的座椅，宛若一场极美盛宴

接待收银区背景的灵感来源于工业时期的机械打字机。机械构件的巧妙，使人感慨百年前的制造工艺，时隔多年，仿佛又回到了 20 世纪 20 年代

木材与绿植的完美搭配，塑造出英国工业革命时代鼎盛时期的街景风格

仿真绿植、木马书籍，清新脱俗，卡通小车搭配呆呆的泰迪，是阅读休息、孩子玩耍的不二之选

左页图：复古的装饰加上清新的绿植，原汁原味的优质肉源，希望从全身心的感觉通道来唤醒都市人对自然的最初记忆

右页上图：餐厅装修很有牧场气息，大厅漂亮的帷帘可以放下，有很好的私密性，桌椅上套着褐色的椅套，坐起来非常的舒适，座位之间的绿植隔断，给人一种清新、自然的感觉

右页下图：路灯式的吊灯设计，别具一格的墙壁配上绿色隔断，让您身临其境，在用餐中观赏，在观赏中用餐

WE NEW DO

SMILING
SMILING

右页图：俏皮的主题挂画与金属吊灯，搭配皮革铆钉的家具，将古朴的牧场元素全盘托出，凸显自然原始、怀旧情怀的空间氛围

左页上图：开会与聚餐相结合的 VIP 包厢，别具一格的吊灯，搭配自然的美景，给人别样的感官体验

左页下图：仿英伦火车车厢用餐区，齿轮壁挂、原木铁架、老式留声机以及各种欧式摆件，赋予空间复古典雅的同时，又夹带帅气工业风的时代气息

本页图：卡通小火车加上别具一格的牛头，既方便收纳，又不失美观，成了客人最喜欢的拍照区

右页图：包厢被木质与玻璃的隔断围绕着，圆形的桌子与地板都选择深色的搭配，屋顶是花草造型的吊灯，更显沉稳和私密性

坐标：北美洲，墨西哥

紫色花海墨西哥餐厅
——都市浪漫

设计公司：Cheremserrano
屋顶设计：Jeronimo Hagerman
文 / 编辑：高红 代胜棋

“紫色花海”（El Charro）是墨西哥广受欢迎的一家餐厅，占地 215 平方米，2010 年开始营业，很快就成为这个地区的热门景点之一。

餐厅室内结构的柱子被木头覆盖，连接室内外空间。所用材料都经过精心挑选，木地板占主导地位，敲击木头的声音、烹饪的声音和主人特别挑选的音乐配合，给人美好的听觉享受。餐厅的实木桌子、皮革椅子、菜肴和紫丁香花做成的天花板，给人不一样的嗅觉体验。整体设计营造一种具有艺术氛围的消费空间。吊顶、餐桌和餐具被重新定位，使人们重新认知自己的用餐方式。

在设计语言中传达思想形态，清新组合搭配各种装饰品，这种清新的排列体现在天花、墙壁和地面上，有强烈的回归自然之感。设计师别出心裁地在吧台上设计了几个被照亮的洞，以便清晰地看到后方之物。吧台后面有一个楼梯，通向其他房间，餐厅的植被不在花盆中，而以原始的方式纳入。这样的方式才是对自然最好的诠释。

抬起头，紫色的花海绽放在头顶上空，是一场视觉盛宴，也是一场嗅觉盛宴

室内的桌椅统一由实木打造，设计的本身就是尊重自然的选择，自然软装的选择也是花草和树木的有机结合

右页上图： 远远看去，木质的空间里飘过一片紫色的祥云，蔓延伸展，伴随着丝丝花香，让人赏心悦目，胃口大开

右页下图： 每个餐桌上都摆放几朵绿色的植物，与屋顶的花海相呼应，生机盎然

左页图： 空间内的柱子也是被木片包裹，与整体风格相呼应。皮质沙发与木质座椅搭配使用，软硬得当

店铺流行趋势 TREND

>>> 1.3

特色咖啡店

咖啡店是以提供咖啡为主的休闲娱乐场所。如今的咖啡店形式多样，经营的项目也不再单一，茶、可可、酒类饮料、各式奶制点心甚至菜肴都有供应。一些咖啡馆还可供人们留宿。

最早的咖啡馆叫作“Kaveh Kanes”，是在麦加建成的。尽管咖啡店最初是出于一种宗教目的，但很快这些地方就成了下棋、闲聊、唱歌、跳舞和欣赏音乐的中心，在咖啡的浓香中，让理性思想插上浪漫梦幻的翅膀。

这里对 5 个特色店铺进行解读，涵盖了咖啡店、茶饮店、酒吧等，它们的软装设计也可以应用在其他的店铺设计中，具有较强的借鉴意义。

坐标：中国，广东，佛山

HI-POP茶饮概念店
——温暖的港湾

设计师团队：陈协锦 文伟 熊丽芬
设计公司：肯斯尼恩设计
摄影：欧阳云
文 / 编辑：高红 刘奕然

现代社会人们的生活压力越来越大，对幼时趣事的回忆成为短暂逃离压力的有效途径。幼时的零食、饮料、音乐、玩具等，这些感官方面的神经最能够帮助人快速准确地找回去。“HI-POP 茶饮店”就是这些回忆的集聚地。

茶饮店位于一条情怀与回忆满溢的旧街小巷，这里是 80、90 后追赶潮流的起点——“CD 街”。随着时代的发展，城市高楼林立，小时候眼里的繁华之处也不再喧闹，更多的是寂静。设计师希望结合小时候的回忆，创造一间能够吸引潮流人士，并且能继续引领这条旧街道潮流的潮店。

人脑的记忆能力是有限的，经常会因为时间或者外界的干扰而渐渐忘掉一些事，但是身体本能不会，所以总会有那么一个瞬间，当人们突然听到或吃到什么，记忆就一下被拉到了当时的情境中。茶饮店的设计灵感来源于小朋友们都爱喝的碳酸汽水，由口中进入，经过食道到达深处，然后打一声“嗝”，这爽快感觉是小时候最大的满足。

“HI-POP 茶饮店”也会用一些类似的感官小游戏来唤醒人们小时候的回忆，现代元素的装修风格加上具有爆发力的室内配色，童年回忆混搭潮流元素，俨然小时候的“CD 街”。

黄色可以给人匆忙和急促的心理暗示，加快顾客的进食速度，从而提高店内的客流量。地板采用的素描花纹也符合设计师“回忆”的主题，同时灰色调也对明黄色有一定程度的压制作用，不会导致视觉疲劳

右页图： 店面是一个长方形的规整布局，主要运用黄色与黑色两个盒子空间体块“space block”的联系构造，进行室内空间划分

左页图： 从门面造型就可以看出它希望创造旧街潮流点的目标，门面简洁明快，用色果敢大胆，空间分块均匀，做足了视觉平衡效果的功课，风格整体现代感十足

左页图: 在两个空间盒子的交界处有一个过渡，黄色就餐区域还有一个小分区，素描花纹的墙体相当抢眼。明黄色部分不规则的菱形墙面设计的未来感十足。角落还有一只 “KWAS”的潮牌玩偶

右页上三图: 相互穿插的吸管元素装置、杂乱的素描墙体加上简单却古怪的怪物公仔图案的点缀，创造出一个令消费客户能回忆过往的空间，整体氛围活跃

右页下右图: 天花板顶棚用吸管元素装置，由门口一直延伸进室内最深处，串连黄色与黑色盒子，就像饮汽水时充满味道与口感的爆发一样，直入空间深处

右页下左图: 总体看来，处于门口的“黄色盒子”加上字母形状的壁灯，更偏向未来感的风格，而正对门口的云彩灯不同于主题中的其他颜色，让人眼前一亮

HI
lcome to hi-pop

墙上的美式霓虹灯就是本空间的最大亮点，有几分荒诞艺术的味道。墙上那面无规律扭曲的长条镜更是将气氛烘托得更加奇异，并且画面感极强，犹如一场当代艺术展

黑色的铁网格子与白色的灯具形成鲜明对比

百无聊赖时，涂鸦是一种不错的消磨时光的方式

黑色空间的气氛与黄色明快活泼的气氛截然相反，给人较强的私密感。空间布局整齐划一，地面也由之变成了黑色格子，白色区域也有做旧痕迹，与“旧街新店”的主题呼应

空间黑黄格子的分布十分明确，两个空间的风格也各不相同，由内向外看似乎像是在看另外一个世界

坐标：西班牙，瓦伦西亚

拉曼查酒吧

—— “冷”质感，“暖”空间

设计公司 : Masquespacio
摄影 : Luis Beltran
文 / 编辑：高红 吴雪梦

瓦伦西亚是西班牙的第三大城市、第二大海港、号称欧洲阳光之城，东濒大海，背靠广阔的平原，四季常青，气候宜人，被誉为地中海西岸的一颗明珠。作为有名的度假胜地，瓦伦西亚的夜生活是出了名的，酒吧便是重要的休闲娱乐场所。

设计师在设计时寻求创造一个可以同时应用于白天和晚上的概念，以适应不同时刻的不同需求。从早餐和午餐的咖啡开始，晚上转变为餐厅，营业结束前作为鸡尾酒吧。餐厅旨在打造一个寻找天然材料精华的项目，由著名的咖啡师和酒侍提供以天然成分制成的一流食品和饮料。

因为原有建筑的砖墙已经被覆盖，所以设计师决定在墙壁、灯和酒吧区域添加生锈的金属元素。一些具有相同生锈处理的金属元素与混凝土混搭在酒吧的家具上，通过棕色柔软的皮革和织物制成的衬垫增添了一丝温暖。

由于金属材料可塑性强、坚固耐用，其独有金属的“冷”质感作为亮点搭配，令整个室内环境更有艺术感。格子墙为整个空间增添了地中海的感觉。照明也可以根据不同时刻进行调整，整体设计都是为了满足其从早到晚的不同需求。

吧台构造了空间的基本形态，马赛克镶嵌地中海风格。以海洋的蔚蓝色为基色调，巧妙运用暖黄色灯具，凸显空间的浪漫情怀

AD
Milk
FRAME
Art
Retail
IDEAT

右页图：大理石的地面铺装扩展了空间。桌椅设计将多余的元素摄取，简洁、实用，赋予空间一种个性美和宁静美

左页上左图：墙面的立体马赛克样式设计增加了空间的厚重感

左页上右图：墙面上的做旧处理和铁艺擦漆的做锈处理，既让空间有古典的隽永感，也使其能展现出碧海蓝天之下的自然印迹

左页下左图：吊灯丰富了空间层次，与吧台凳子形成视觉上的呼应

左页下右图：墙面书架设计线条流畅简洁，在墙面创造出视觉焦点修饰空间，丰富了层次

红陶土筒瓦通过泥土烧制而成，作为放置绿植的置物架，是最合适的搭配，大方自然，凸显地中海式的田园气息和文化品位

墙面挂柜与地面柜子皆做旧处理，与铜色的窗帘呼应，色系和谐有韵味，亲和的视觉感和良好的生态性，使整个建筑手工质感十足

在组合设计上注重空间搭配，解放了开放式的自由空间，搭配的绿色盆栽，既活跃了空间，又贴近自然

坐标：中国，山东，青岛市

V+COFFEE 咖啡店

—— 将时光另存为

设计机构：范创意
主创设计师：刘靓
设计团队：黄观雨　庞丽媛　刘鑫
项目摄影：蔡泽宏
文 / 编辑：高红　刘奕然

受电影的“荼毒”，似乎所有人都想亲历电影里的欧洲风情，以复古文艺的视角看一看另一端的世界。V+COFFEE 的橄榄绿木格子窗和总是敞开的木门，像时间穿梭机一般等待着客人的到来。

进入 V+COFFEE，扑面而来的咖啡醇香和悄然安置的手作装置让人眼前一亮。尼德兰风格油画的浓郁、俯视视角的英文小说、复古的机械打字机、古董收音机、后现代装饰、文艺气息十足的石膏人像，让人应接不暇。人们的眼睛不时在内室的 vintage look 和窗外的风景间游离，新奇有趣。相比明快的艳丽颜色，灰色调更能给人以深邃和宁静的感觉。咖啡店低饱和度的灰绿色墙面让人放松，没有固定的模板，随性混搭，自由生动。整体摆设、色彩、触感融汇贯通，从天鹅绒到皮革，从原木到铁艺，整个空间似乎像有一股春水在流动，柔和而清新。室内热带雨林风的绿植随处可见，加上精心设计的各样灯具，咖啡厅处处融着设计的诚心，演绎着舒适生活进化论的真谛。

木制吧台正对窗外，沉浸在咖啡和甜点的香气中，仔细勾勒生活轨迹，或是叫上三两好友，在说笑玩闹中释放自己。

复古金的椰子树落地灯融合了金属和热带雨林风，刚柔并济，室内各处都布满了热带风绿植，极具装饰性

设计师将咖啡厅装饰得更像是一场收藏展览，把木色的桌子和皮椅相结合，旁边的绿色窗框也是一款复古文艺装饰，别致又有趣

复古金属画框内安置着人台模特，一半在内，一半在外，到底是虚拟还是现实？似画非画，身处其中，就像参加了一场后现代创意画展，整个场景因此一处又增添了几分神秘感

左页左上图：这款柔光东南亚风的灯饰由设计师反复实验手工完成，造型简约大方，灯光柔和温馨，调整了整个空间的气氛

左页右上图：咖啡厅顶部采用了进口布料手作的叶子打造成热带雨林效果，再加上石膏小猴子的吊灯，既隐秘又调皮，给人惊喜

左页左下图：“诚心才能有诚品”，设计的精巧之处在于细节的完美，咖啡店角落的蜡烛玻璃罩便是一处完美的细节

左页右下图：仿绿植铁艺金属灯散发出的柔和暖光，温暖了室内的冷灰色调，灯的造型精巧但不花哨，灯光使室内的气氛变得轻柔而温馨。夜晚通过灯光的反射，室外空间犹如一个“复制世界”

右页图：这个角落更清新自然，木质的储物柜漾着绿草，复古的玻璃罩和混搭风的台灯，地上的手提玻璃罩灯更是吸引人，再加上暖黄色的蜡烛光，就像到了傍晚堆集各式小玩意的艺术市场

左页上图： 室内的画框黑板墙创意十足，你可以无限想象，自由创作，可发挥的空间极大

左页下图： 加有灯光的转角楼梯充满了戏剧性，用附有时代性的饰品作为装饰来增加亮点。自然材质的台阶营造出轻松的环境，质感十足

右页图： 设计师采用混搭主题，多用文艺复古摆件来充实空间，整体色调偏向高级灰冷色，同时又用金色摆件灯来打破色彩上的单调，石膏人像更是让人眼前一亮

右页上左图：木质架子上巴洛克风格的水晶杯中插着几片叶子，巧妙地运用对比色，让各种色彩协调过渡，混搭元素随处可见

右页上右图：设计讲究色彩和元素的融汇贯通，天鹅绒、神秘绿的布料和复古色的金属随处可见。咖啡桌的设计也十分精巧，玻璃桌面下有小青草作为铺垫，神清气爽

左页上图：对比色的沙发抱枕一下就成为了抢眼的视觉中心，利用两个书架作为隔断分割出来了一部分小空间，提升了私密性

左页下左图：神秘绿的窗帘加上砖红色的斯佳蒙靠背椅，色调浓郁厚重，质感 、布局和气氛都像极了文艺复兴时期的宫廷油画。桌上的单只小花作为唯一的亮色，丰富了空间层次，也增添了一丝清凉

左页下中图：复古霍尔乡村风靠背椅与现代热带手绘枕垫搭配，洋槐编制靠椅的透气性加上枕垫的温暖互补又协调，整个空间的图案都是设计师精心设计的，具有统一性

左页下右图：墙壁上正挂着美式 80 年代的机械打字机，以平时的角度来看俯视的视角，再加上正上方的英文小说，简直像时空穿梭机一样，自动在看客的脑袋里写上了故事

鹿头作为墙上装饰已然不稀奇，但这款装饰却与众不同，鹿头从画框中弹出来，整体纯色风格简洁，后现代风十足

皮革的吧台椅，精细整齐的剪裁和走针透露了它的简约不简单，交叉压线是它的点睛之笔。造型复古，搭配铁艺底座又增加了它的工业风元素，正对着木制吧台混搭风味十足

墙壁以欧洲尼德兰风格油画为主要装饰，画风浓郁的色调和咖啡馆室内完美衔接，画框之间的留白处理，使整体看起来饱满但不凌乱

精致的室内装置摆设和半自然状态的地面形成对比，整个空间只保留一部分作为视觉中心，装饰虽多却不显繁琐。油画墙也是同理，考量过后的精准留白，雅致不琐碎

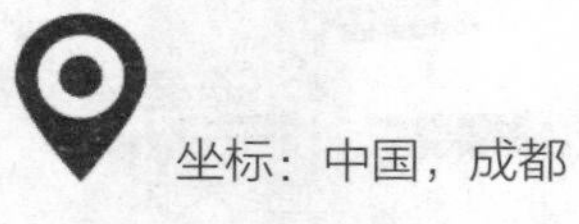

坐标：中国，成都

成都叨叨咖啡厅

—— 感性与理性的交集

设计机构：合什建筑（HAD）& 朴诗建筑 (Epos)
主持建筑师：周勇刚
软装设计师：宁夏
摄影师：存在摄影
文 / 编辑：高红 吴雪梦

设计师的设计理念是“功能就是装饰，装饰划分空间”，使小空间有大视觉。

叨叨咖啡厅位于成都银泰城商业街区中心，其所处位置要求咖啡馆设计既具有现代化气息，又要为客户群体提供工作洽谈的静谧空间。它是一个占地约 65 平方米的两层咖啡厅，设计师试图打造一个理想的休闲场所。他们从小空间的多变性，材质与光线的整体性，木质纹理特有的坦诚、包容、朴质特性，以及果断硬朗的黑色铺装等方面着手，构建出一个“君子端方，温润如玉”的形象，并融于咖啡厅的设计中。

咖啡厅的整体软装为简约北欧风，简约不简单。室内的顶、墙、地不用雕花、图案装饰，只用线条、色块区分空间，舒缓宁静。实用的现代灯具反射出新时代的旋律，空间整体舒适自然，远离世俗束缚，让人觉得从容自在。

在如此狭小的空间里要承载多种行为活动而避免相互影响，设计时采用了心理上的空间区隔取代物理空间区隔，用满足功能需求的家具界定区域和空间同时，减少视觉截点。暖色木材的体系化使用，让空间弥漫着自然舒适的气息，两层交叠的深色金属冲孔板，在满足栏杆的功能之外，让视线渗而不透，提炼出都市中混合着的感性与理性。

弧线形的圆桌和椅凳丰富空间层次的同时，柔和了空间质感，感性与理性糅合为新的空间

一层地板和天花板采用冷暖两色区分空间，灰黑色桌椅与吧台及其座椅产生心理上的空间隔离，简约的灯具使用，点缀了上层空间

左页上图： 一楼的设计相对开放，可供辛苦了一天的人们放松，释放压力。对外的吧台是为等待同伴的人设计的，坐在吧台可以望到广场的全景，距咖啡厅不远处就是银泰城商业街入口。二楼设置了自助式服务台，免费供应柠檬水，自然地形成了安静的工作空间和小型会议空间。针对不同人群的不同的空间需求，设计师设计了天桥，并适当抬升地面，使层高压缩，围合感更强，同时也为一层争取到更舒适的空间高度。白墙与白色的天花板扩伸了空间，结合小巧的灯饰，柔和了感官

左页下图： 采用双层的金属冲孔板作为空间隔断使视线能够穿透空间，给人感性的思考，并保证各个空间的隐私性。采用重色涂刷隔板又让整个二层空间沉淀下来，不致虚浮且更具理性

右页左图： 深灰色的椅子配上纯木色桌子，具有简约美

右页右图： 植物花卉总能够柔和空间，并起到锦上添花的作用，绿色的植物和纵身形的花盆拉伸了咖啡厅外部，感官隔断了窗框的长直线，增加了店铺的活力和生机

左页图： 楼梯墙面设计了置物空间，从一层延伸至二层顶部，兼具实用性和美观性，使一二层空间有了连接互动感
右页上图： 充分利用楼梯二层空间，设计出一个安静的私密场所。小的绿植点缀空间，增添了趣味性和生机感
右页下图： 木材间的穿插隔离延伸了空间视觉，使小空间具有多变性和层次美。置物阁中安放着店内的茶品和盆栽，令经过的人们驻留观赏

坐标：中国，山西，太原

Oct.22咖啡馆

—— 春风十里 不如你

设计机构：北京海岸设计
总设计师：郭准先生
设计风格：归本主义
文 / 编辑：高红 杨念齐

蓝天白云、绿草鲜花，还有你，我想这一刻就是永恒的幸福。Oct.22 咖啡馆让梦想照进现实，给了我们一个现实的“仙境”。

Oct.22 咖啡馆的设计运用了“归本主义”的设计理念，即取之自然，归于自然。设计师用华丽修饰裸石拙木，用浪漫点缀单纯。光线、色彩、氛围、情调等均以功能为体，以视觉为衣，以文化为魂，使空间的意义不再空洞，创造一个连续的动态时空，让身处其中的人回归自然，体验生命。Oct.22 咖啡馆就将归本主义展现的淋漓尽致。

咖啡馆以天蓝色为主色调，用大量的盆栽植物花朵作为主要装饰，营造出一个美轮美奂的童话城堡。建筑选用的桌椅沙发大多为传统欧式风格，但在不同的角落又选用了一些未来感十足的桌椅，为空间增添一丝趣味。吊顶灯饰晶莹剔透，配合大面积的开窗以及天井，营造出与众不同的视觉效果。

春水初生，春林初盛，春风十里不如你。无论春夏秋冬，Oct.22 咖啡馆里永远是和你温暖相拥的春天。

异形茶几全身镜面，灰白色调的超简洁沙发背面也是金属质感，再加上各种奇异复杂花纹的地面装饰，带有浓厚的未来科技感

左页上图：天蓝的主色调、舒适的沙发座椅、奢华的水晶吊灯，配合浪漫的花朵绿叶装饰，高贵忧郁中又带着浪漫的小清新。护栏处垂幕的花朵幕帘，每个卡座之间的水晶幕帘，营造出半隐私的感觉，灵活地隔断了空间，也符合人们的行为心理

左页下图：迎面正中间盘旋而上的欧式弧形大楼梯，配合自天花板优雅垂落的奢华水晶吊灯，尽显高贵、优雅、矜贵和不凡。各种不同色调的蓝色抱枕、茶几、弧形门式铁艺、天花板，都呼应着“蓝”

右页两图：洗手间的设计也是充满着童话古堡般的气息。白色的雕花大镜子嵌在花草中，即便是洗手这样简单的事情也变得美好与享受起来

适合多人聚会的小场所，铁栅栏能够塑造出封闭的围合感，许多绿植的装饰，清新自然，无拘无束

绿色的植物沿着墙壁垂下来，与四周的铁艺装饰搭配和谐

屋顶上的水晶灯垂落，十分梦幻

水晶珠帘与花朵糅合在一起，浪漫且不失大气

在整体的传统欧式装修中，角落用未来感的设计打破了空间的单调，让咖啡的香气在空气中弥漫，你的幸福在日常中上演。品味咖啡，享受幸福

淡蓝色的天花板与草绿色的地毯，仿佛置身于蓝天下的草地，在如此清新美好的午后，品尝着咖啡的味道，享受着阳光的沐浴，青草的芬芳

空间开敞通透，侧面开有大片的玻璃幕墙，顶棚用巨大的玻璃罩住，加上垂直落下的绿色植物，仿若温室植物园一般清新自然，能够随时享受到窗外阳光的沐浴

右页图：吧台处摆放着各色的小甜点、小饼干，美味的诱惑难以抵挡，后面的架子上也有各种小饮料和小酒，一个美好的下午就是这般

左页上图：复古座椅与蓝色花纹图案的地板相衬托，干净明朗，还有一点异域的风情

左页下图：室内装饰以深蓝色调为主，简约单纯，适合商务人士休闲、谈生意等。奢华的水晶吊灯和卷草纹铁艺的窗户将室外风景与室内装饰完美融合

>>> 1.4

优雅的公共店铺

试衣间、超市、药店、商店的优雅展现

提起试衣间、超市、药店等，我们第一反映就是布满琳琅满目的试衣间，空旷的空间内苍白的架子上放置着食物的超市和苍白的店里满是各类广告牌的药店。除了基本功能外，现在的人们对美观也提出了一定的要求。基于这样的诉求，本书将 7 个优秀的公共空间展示给读者，从基本生活所需的超市、药店到物质诉求的试衣间。从整个空间的风格定位到细节软装的特色选择，都在告诉读者，生活的品味远可以超乎我们的想象，而并不止眼前的所见。

李智翔
设计师基本简介：
水相设计　设计总监
毕业于纽约普瑞特艺术学院室内设计硕士
与丹麦哥本哈根大学建筑研究

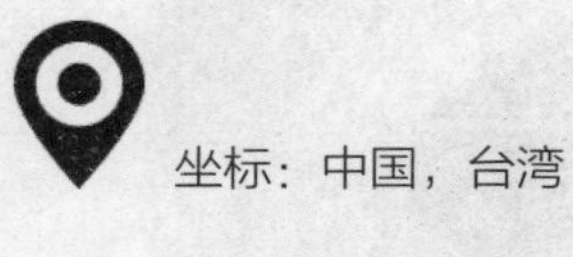

坐标：中国，台湾

分子药局

—— Molecure Pharmacy

设计师：李智翔 郭瑞文 张湘涵
设计公司：水相设计
摄影师：李国民
文 / 编辑：高红 刘奕然

提到药店，大多数人的第一印象是摆满药的玻璃柜台加上昏暗灯光的“童年噩梦”。但这间药店的主人却执着于返璞归真，想要从自然界萃取分子来制作药品，开启一个 green in the lab 的概念，并与现代科技加以融合。“分子药局”就这样出现了。

设计师根据分子的两大特性——链接式和聚合式来融合他的设计方式，自然手作风格的鹅卵石水泥墙，金属和轻质化透明亚克力板纵横交错，以直线构架出如经纬坐标一般的展示台。棕黄色的玻璃药瓶质感十足，置于透明展架上，展架似乎像消失于空间中一样。百年树干构建的平台底座，平台上自然生长的绿植一直保持自由生长的形态，从而代替传统形式药店的沉闷气氛。

由于空间的核心是实验室，为保证药品调剂的开放性和店主希望与科技结合的理念，设计师为平面上镶嵌了“iPad 咨询服务系统”，提供开放式人机交互的客户体验。回归自然的简约装饰，设计师成功塑造了与多元化科技结合的自然美学。

一如“MOLECURE”源自“Molecule”（分子）与“Cure”（健康）拆分重组的取意作为店主的期望。这间“分子药局”不再以药物治疗作为目标，而是更注重于健康保健，这些都在设计师打造的“自然空间”中得到了很好的诠释。

金色的旋转楼梯设置在空间的中心位置，像一条金色的丝带连接天地

右页图：自下而上的望去，金属质感的屋顶配着白色的裸砖墙，洁净、简约
左页上图：透明展柜上规律摆放着玻璃药瓶，室内展厅的正上方垂吊着自然生长的绿植，整体造型自然放松，打破了中规中矩的单调感。白色天花板作为底色，以仰视的角度看像极了一幅自然的写意山水画
左页下左图：二楼看台过道的空间结构整齐，两边鹅卵石手作墙上的图案也由无数多边形组成，与楼梯上镂空图案的概念如出一辙。当自然光打上墙壁时，光影效果更是让人惊叹
左页下右图：楼展台上多处选用玻璃展柜作为隔断，而这些展柜的构成又与摆放展柜的药品有所不同，由整齐划一变为错落有致，立构感更加明确、有趣

设计师选用实木来堆建实验台，材质粗糙但做工精良。平面上的小片绿植也是一大亮点，并且还保留了百年树干的原始皮层作为底座，寓意回归自然

楼梯板块由无数的三角形镂空组成，像分子的聚合方式一样，由三角到多边形，经过镭射切割之后，光影叠加却不致眼花缭乱

天花板垂架的整体观感是错落有致的，主体之间相互穿插，设计的主体观念与分子结构的链接式一致

镂空设计，加上金属的穿插叠加应用，复杂却不琐碎。空间立体构成感强烈，简约精致

由色彩饱和度高的纸袋放于展柜内，颜色鲜艳且具有实用价值，由于整个室内风格简约，这一处色彩鲜艳的设计让人眼前一亮

左页左图：以仰视的角度看回旋楼梯，更多的是一种秩序美。楼梯以无限形式弧度向上延伸，如果是从仰视角度看，甚至会让人产生似乎看不到尽头的错觉

左页右图：设计师有针对性地用分子结构融入他的设计，这款哑光黄铜金回旋楼梯就是由生物学 DNA 分子式的双螺旋结构产生的灵感。规律的弧度为整体效果增添了造型美感

右页上图：设计师将配药区的平台以吧台的形式呈现，并且在吧台处设立了深色系水槽，改变了传统药店的柜台服务形式，为顾客提供更加直观的服务方式

右页下图：俯视实验室，自然元素之和现代元素之间的穿插感十分强烈，但经过设计师的调和，两种元素的融合感也很好。实木桌面上的“人机交互”功能就是很好的例子

坐标：中国，湖北，武汉

孩子的时光

—— Be Kids for One Moment

设计师：刘恺
设计公司：RIGI 睿集设计
摄影师：平玥
文 / 编辑：高红 杨念齐

位于湖北武汉“孩子的时光”童装店，将绚烂的色彩和宁静的色调糅合在一起，满足大人和孩子的共同期许。

设计师在着手设计时，首先考虑了行业的消费心理。成人服饰的购买者往往是喜欢什么风格款式价位的自我主动需求，出发点是“我”，童装的出发点大部分都是家长。所以营造出一个家长和孩子都深受吸引的设计，才能真正的满足童装店的需求。而能让双方都满足的，就是家的感觉。

设计师将整个空间设计得如家般舒适、安静，通过把控色彩和材质，将一切变得恰到好处，策略性地将空间区分为会员区和儿童体验区。为了让孩子能更自由地在其中徜徉，设计师在各方面都做了人性化设计：各个角落里加入了很多儿童娱乐空间，道具台也做了倒角处理；通过简单的几何形制，表达出家的感觉，反复运用几何形状的展示板、道具、背景墙板等；选用毛毡、瓷砖等生活化的物料，以及柔和温暖的木质，搭配多种场景化的、充满童真和幸福感的色彩。通过这些处理，“孩子的时光”童装店给顾客强烈的视觉震撼，吸引着来往的人。

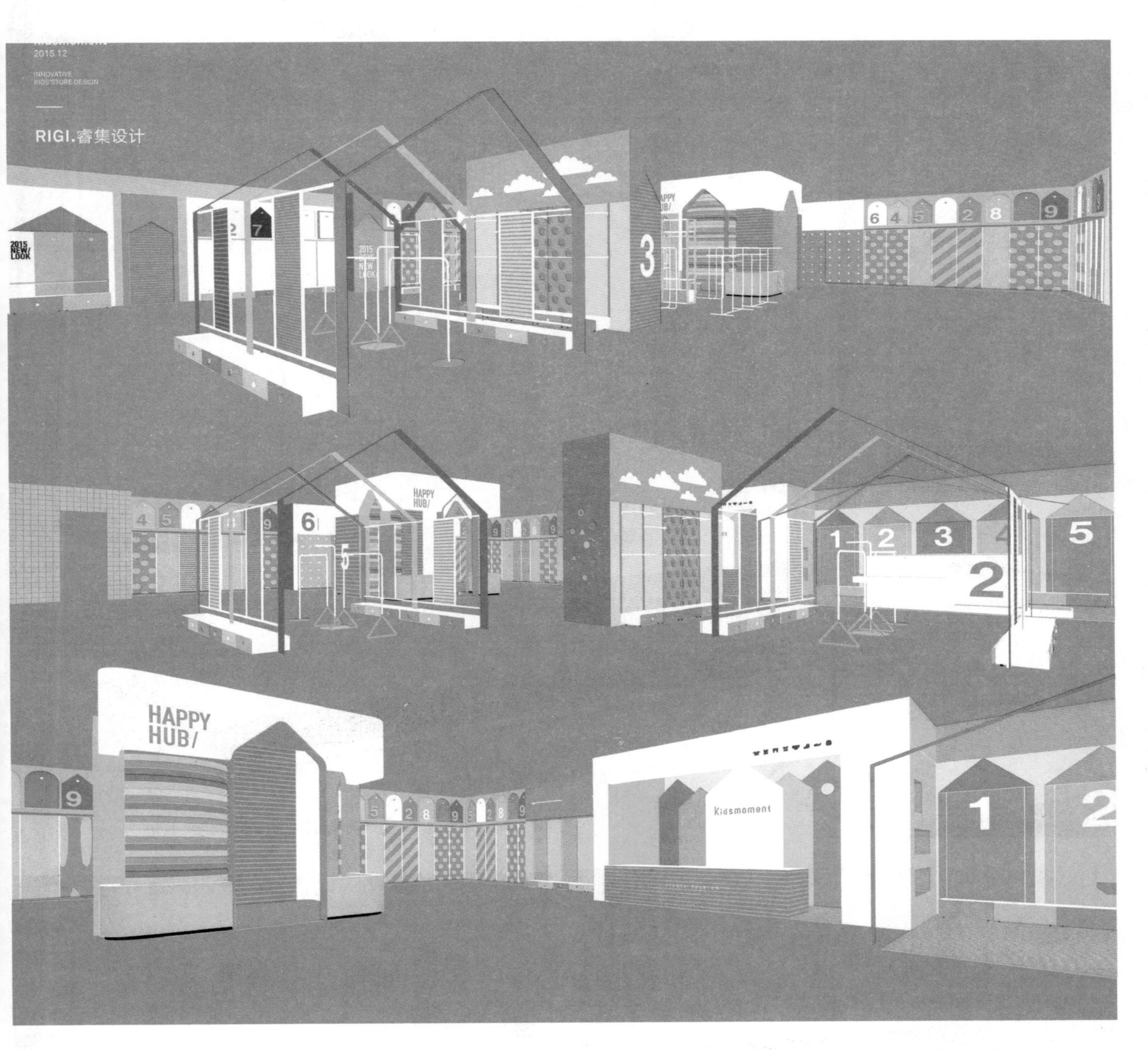

内部主色调为天蓝色、橙色和白色这些清新明亮的颜色，内部陈列设施也繁复多样，更能吸引孩子们的注意力，吸引顾客留恋驻足

2
7
5
4
KIDSMOMENT
NEW LOOK
1.5
1.2
0.9
0.6
2015
KIDSMOMENT
NEW LOOK

1.5m
1.2m
0.9m
0.6m
0.3m
MOMENT
LOOK

2
7
5
4
KIDSMOMENT
NEW LOOK

左页上图：商铺内部有很多孩子们的游玩设施，整体内部装修富于变化，多彩多样，功能分区明显
左页下左图：陈列的摆桌为纯木色与白色的纯净搭配
左页下右图：一个异形的落地穿衣镜，方便孩子们试穿或试戴。与此同时，落地镜上也有儿童身高标尺，增加作为“家”的温馨感
右页图：成组的多系列服装区和饰品区，以及会员区和儿童体验区，用明显的阿拉伯数字区分空间，同时在儿童的高度将过于硬朗的道具台面做了导圆角的处理

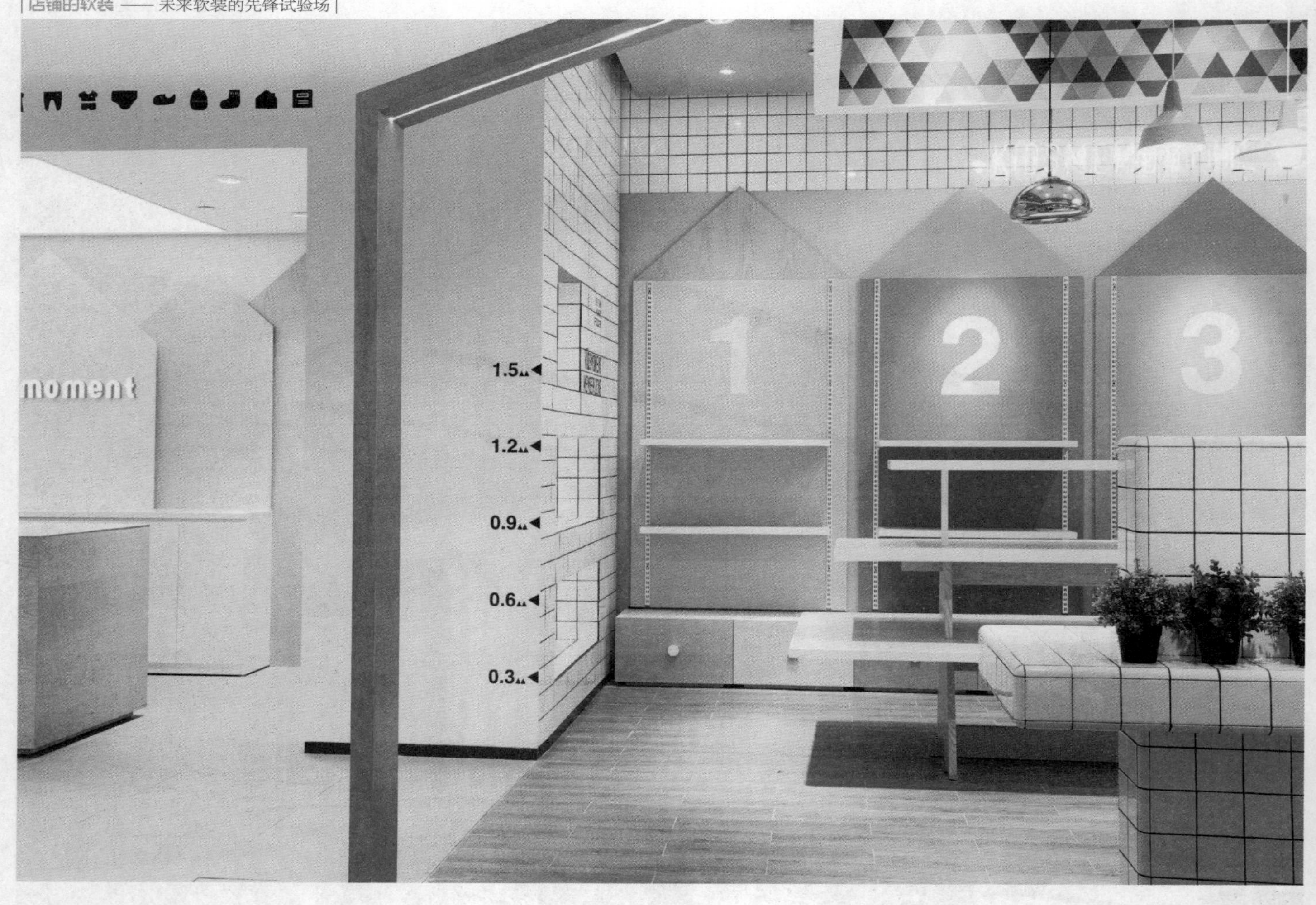

左页图：转角处的墙上设计了儿童身高标尺，增加和顾客之间的亲密性与互动性，也便于店员找到更适合孩子尺码的产品
右页上图：以介乎于成人和儿童之间的尺度，搭建出的高低错落同时，又满足组团分区逻辑的陈列空间
右页下图：在这里能够买到性价比很高的儿童文具、玩具以及服饰周边产品。一系列图案化的标识，给成人和儿童传递简单易懂的空间信息

THE FUNNY
MOMENTS
OF DISCOVERY
KIDSIDEA
1.5
1.2
0.9

4
KIDSMOMENT

在小房子内部，有刷着黑板漆的墙面。在这里孩子们可以任意地涂鸦和玩耍，是一个趣味性十足的空间设计

收银区的柜台采用木质纹，更加温暖，配上趣味字体的英文与数字，在顾客过来结账时，感觉到的是类似于“家”的温馨的服务

饰品陈列区旁边放有三个展示板，除了负责饰品的展示外，还兼有功能作用及找搭配技巧的介绍，吸引着每个孩子们的目光。

坐标：中国，杭州

就试——试衣间

—— 惬意的休闲所

设计师：李想
设计公司：唯想国际
设计团队：刘欢 任丽娇 贾媛媛
摄影师：邵峰
文 / 编辑：高红 刘奕然

穿衣搭配已经成了很多人生活中的重要组成部分，一个人的穿衣搭配能反映出这个人的生活品味和生活态度，“以貌取人”在现代社会也很普遍。随着科技的发展，线上购物越来越方便，虽然方便快捷但也难免有无法试装的失落以及空虚感，就试——试衣间就希望通过线下的真实体验来填补这份遗憾。

“就试——试衣间”的核心概念是满足顾客的线下需求，所以少不了店内与线上互动沟通环节，每位顾客都可以通过互联网进行互动，这也是店内最具特色的地方。设计师把空间分为四类风格，希望通过对四个空间不同的设计手法和陈列方式演绎背后的穿衣哲学，也希望能够带给顾客不同的体验。

现在是一个个性化时代，不同人有不同的穿衣风格，人们已经习惯将其色彩爱好、审美情趣，以及生活态度通过独特的服饰搭配展现出来。设计师对于整个空间进行了不同风格的分划，希望能够满足每个女孩所憧憬的购物体验，并找到属于自己的风格。就试——试衣间的设计师希望每个进入“就试——试衣间”的人都能参与其中，并找到自己所中意的。

潮女区域整体风格偏向搞怪另类，最出彩的地方是这个入口处沾满三面墙圆镜的小空间。它由各样的圆型凸面镜组成，大小、照映的角度都不同，一面直连到天花板的弧线镜子作为造型墙

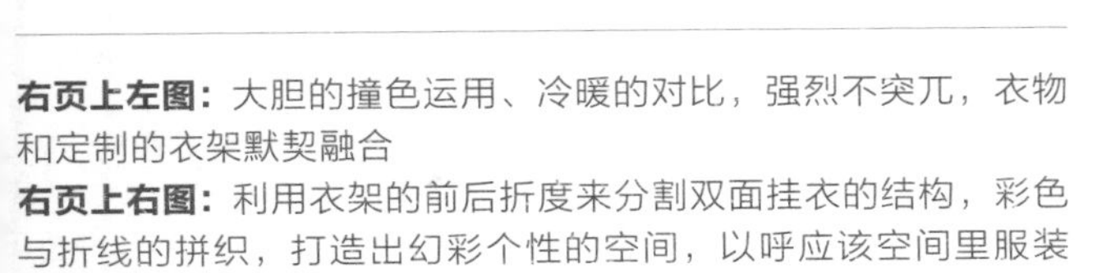

右页上左图：大胆的撞色运用、冷暖的对比，强烈不突兀，衣物和定制的衣架默契融合

右页上右图：利用衣架的前后折度来分割双面挂衣的结构，彩色与折线的拼织，打造出幻彩个性的空间，以呼应该空间里服装展现的个性

右页下图：室内的地面选用有规律的三角复制图形，图形小而密集，同展架一样分布的整齐有规律。店内摆放的卡通玩偶，打破了室内棱角分布结构，造型搞怪，诙谐有趣

左页图：除了彩色的铁艺展架外，地上还整齐排列着方块形的展台，与展架相比，颜色的纯度较低

名媛系列以玫瑰粉金作为主题颜色，整个空间都弥漫着 Barbie Dreamhouse 的气氛，设计师以金丝笼作为设计灵感，整体空间以流畅的弧形线条作为构造

左页图：巴洛克时期的宫廷蓬裙是试衣间的设计灵感来源。试衣间的外形与其他金丝笼展台相似，但外部镶嵌了一层弧线形镜面贴片，试衣间被巧妙的隐藏在弧形镜面的“蓬蓬裙”内侧

右页左图：灯光有助于营造空间气氛，天花板顶棚的流畅线条与金丝笼展台如出一辙，而玫瑰金色的顶灯沿着上方环绕。金丝笼内采用造型简单的顶灯，达到了视觉效果的平衡

右页右图：“金丝笼”内利用台阶来区分其他空间，使得每个部分又像隔离出来的小空间，高低起伏的弧形平台，增加趣味性的同时，又不失活泼可爱

森女系列整体空间明亮简洁，用古朴的材料来呼应该空间衣服类型的气质，乳白色肌理的墙面，同色系的地面和台阶，营造出一个洁白自然的空间

设计师在竹竿中间穿插圆形原木制板作为展台，表面尽量保持其木材的本色而不做精细的加工处理，高低错落不一，空间三维立体效果明显

框架轨道灯使整个空间整齐划一 、简练稳重。室内以原木元素加以点缀，木制面打破了全灰的僵局，使整个空间都变得柔和，同时这里也是白领女士（Office Lady）的专属区

楼梯旁的展示组台由灰白和原木制展台相互穿插而成，打破了大小高矮的界限，使整个空间具有极强的立构效果。如果说是放在展台上的商品，更像是一个小型的艺术展览

左页左图：设计师在这个空间中将铁艺元素使用得恰如其分，展台、衣架、穿衣镜、展柜，虽全是中规中矩的几何图形，但每个衣架有时是装饰线条，有时又是多功能的衣架，实现形式与功能完美结合

左页右图：楼梯两侧的铁艺把手与另一处无框设计的不同，统一的图形形状形成了整体的秩序感，颜色协调统一，虽颜色简单，但不会寡淡无味

右页左图： 利用台阶将室内进行格局分划，使空间层次感明显，多用玻璃和原木制品来突出质感，有规律地将冷暖色灯交替照射，暖色多打在原木制品上，有柔和室内气氛的作用

右页右图： 每一件商品都像一件展品，深灰色的地板加上混凝土艺术漆的墙面，室内线条整齐简洁。少就是多，简洁就是丰富

坐标：荷兰，阿姆斯特丹

家居品牌店
—— As Good As New pop-up shop

设计师：i29 | interior architects
摄影师：Luis Beltran
文 / 编辑：高红 吴雪梦

As Good As New 品牌集合店是一家二手家具的品牌集合店。设计师希望“这个空间能引导人们更多的去关注这些经过再利用和循环再生的家具，更主要的是，我们正在赋予他们第二次生命”。为此，设计师设计了一个装置性的室内空间，用来展示 As Good As New 品牌家具。那些通常被现代风格的室内设计拒之门外的零散元素，在这里却变得非常实用。

空间内部采用白色和灰色作为主色调；所有的家具或就近采购，或源于慈善商店，或从原先办公室搬移过来。这些收集的旧材料被重新装配，喷上一种名为“聚脲”的灰色涂料，使它们“全新如初”。为了展示新品牌，设计师收集了各种各样的家具物件，如古老的沙发、座椅、灯具等，打造了一个几乎能够取代客厅功能的包裹在灰色图层下的空间。入驻这家品牌集合店的所有物件，全部裹以深灰色调，使这家小小的商店看上去很抽象，且兼具艺术与时尚气息。

在“能耗低、再利用、循环再生”理念的指导下，设计师使其尽可能避免冲击原有的环境，打造了一个设计单纯、简单、实用却又带有一种扭曲幽默感的现代时尚空间。

灰色涂层的设计使空间充满冷调的现代与未来感，理性、秩序而专业，无溶剂聚脲涂层也使设计看起来耐用持久

左页上图：设计时选择了直率和奇特的小型雕塑形象，具有超现实的疏远效果，也同时构造出一个单纯简单、略带幽默感的现代时尚空间

左页下图：通过黑灰色和简单的分区系统连接，解决设计中时间性和可持续性的矛盾

右页上左图：废旧的电脑被喷上灰色的漆，静止在喷上的一瞬间，却永存在设计的理念中

右页上右图：垃圾桶与人面面具的造型诙谐幽默，仿佛一打开垃圾桶，就会出现惊喜

右页下左图：重灰色的涂染显得空间冷静、率真又不失层次感。同一色调运用在不同材质上体现出其各自的质感，比起单纯黑色，它更轻灵，却又不会像银白色容易带来膨胀感

右页下右图：小雕塑独特的摆放，突出了设计想要表达的幽默感

坐标：荷兰，阿姆斯特丹

潮品时装店
—— Frame store

客户：Frame Publishers
设计师：i29 | interior architects
摄影师：Ewout Huibers
文 / 编辑：高红 吴雪梦

这是设计师专门为《Frame》杂志打造的一个由镜子构成展台和墙壁的临时潮店，位于阿姆斯特丹一栋 18 世纪的建筑里，主要用于展示、出售时尚、食品和其他概念设计品。在空间里反复使用镜子，象征着对历史和时间的折射，新旧两种理念的对冲，也暗合了《Frame》在建筑和室内设计领域风向标的角色。货品按系列在各自专门的展台上陈列，展台由镜子包装的黑色顶面，看起来好像所有货品都悬浮在空间里一样，在历史感强烈的空间里创造一个超现实世界，并从周围沧桑的大环境里跳脱出来。

不同于一般全新概念的新建筑，整座商店在运河边世纪古迹 Zuilenzaal 当中。店铺中心有两个“镜子盒子”，里面是配置间，一个漆成黑色的迷你艺廊和一条短楼梯。走上台阶可以俯视这个店铺。

借由古迹本身高度吸引力结合潮流商品世界趋势，看似不同调性的寰宇世界，设计师试图将商品价值提升，并反映在壮观环境里，将空间改造成一个“镜像宇宙”，利用镜面多角度反射状态在整个悠久历练空间当中，脚步之间的寸步游移象征着时间和历史、新潮与古迹的超现实幻象。

框架的展示作用反映在建筑、室内设计和产品上。综合黑色框架，系列产品透过单一平台与镜面和黑色顶部曲面相互呼应，除了商域定位，艺术品般价值感的轻盈对话更加抢眼。

设计越简单越能彰显原始空间的自然传递，古迹历史其实就是流行潮店的精神支柱与时空背景

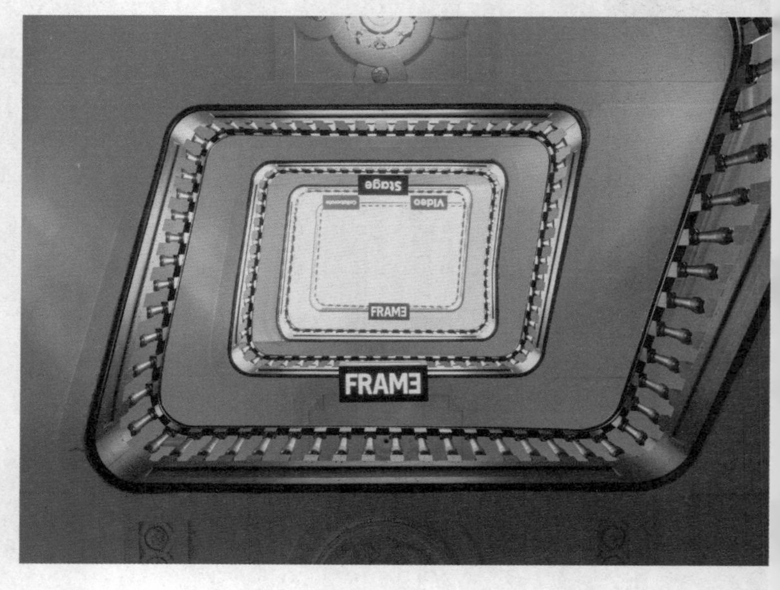

左页上图：空间运用大量的镜面平台，使得整个展示空间超现实，且充分利用灰空间进行细节设计，柔软的靠垫抱枕、皮革的女式包，无形中柔和了整个空间

左页右下图：建筑物大楼梯上的照明标志，引导游客到商店二楼

左页左下图：具有镜面和黑色表面的底座支持的家具和产品，为其他商品提供衣物导轨和货架。上面摆放着装饰用的白色陶瓷杯，黑白相称，视觉冲击力强

设计师在整个巨大的空间中多次使用镜子，目标是创造一个反映元素的超现实世界。除了突出显示的产品外，镜子还可以隐藏更衣室和展览空间，并反映木制柱的原始特征，时尚与古典在此碰撞。框架的展示作用反映在室内设计、建筑上，结合黑色框架与整体空间形成呼应，使空间的古典气味中有着艺术感的轻盈灵动

依然被保留着的 18 世纪的石柱以及丰富的建筑细节，为空间展示出历史的沧桑和优雅

坐标：西班牙，瓦伦西亚

苹果医生品牌店
—— 高科技的颜色

设计师：Ana Milena Hern á ndez
设计公司：Masquespacio
摄影师：Luis Beltran
文 / 编辑：高红 代胜稳

苹果医生品牌店是一家为移动设备销售电子产品的零售商店，同时也为智能手机和平板电脑提供专业化技术服务。位于巴伦西亚大学区的苹果医生品牌店室内面积 54 平方米，是 2017 年 Masquespacio 最近完成的苹果医生品牌店的第二家店面设计。

该品牌的设计概念主要表现在 54 度触摸屏的提取，这种视角的设计同时应用于品牌店面的室内设计中。苹果医生品牌店主要有四种不同的色彩，即绿色、蓝色、鲑红色及紫色。绿色和蓝色作为医生的概念色，鲑红色极具时尚达人的个性，紫色代表的顾客们的气质。除了这四种色彩外，品牌店的设计中还融入了金属元素的材质，暗示苹果医生品牌店类似于一个实验室。

苹果医生品牌店第二家店面的设计，在保持初期开创品牌阶段辨识度的状态下，提供了一种能够被该品牌客户所认可的新的定制化设计，并在此期间针对新的销售点提出了完全不同的设计方案。第二家品牌店仍然可以辨认出品牌设计概念中的 54 度视角、几个颜色以及材料。相比以往，苹果医生品牌店第二家店面更加重视金属饰面的处理，同时提出了更好的服务理念，在存储和出售产品种类变化相关方面加入了附加元素。此次 Masquespacio 设计的第二家苹果医生品牌店面的亮点在于，单独打造了一个用来为讲习班和会谈服务的空间。这个空间完全与商店区域分隔开，其中还专门提供了研讨会所用的高脚椅，这也成为直接通过 Masquespacio 旗下子品牌 Mas 创作销售的第一个正式产品。

设计空间营造了一种明亮开朗的时尚氛围。整体设计风格简约，只有三种颜色的交互，呈现的颜色不仅大面积用于环境中，也同样用在产品的表达上

产品除了可以在桌面上摆放外，还可以挂于金属材质墙面上。方形状产品在金属元素面积中犹如一个个点缀的彩色方块

灯和高脚椅设计简约纯粹，加以统一的蓝色调，没有任何多余的装饰元素，于简美中创造了一个宁静空间，适合座谈、会议形式的氛围活动

店面内产品的陈列给人一种赏心悦目的体验感，产品依据颜色分区域陈列展示。近景桌子为产品的陈列展示台，桌脚以鲑红色呈现，桌面采用半透明状的金属材质，分为上下两层，产品依据颜色区分上下，整齐排列

坐标：德国，科隆

科隆Solera连锁超市

—— 身边的移动美学

设计：Masquespacio
摄影：Luis Beltran
地板和绘画：Monto
文 / 编辑：高红 代胜棋

在德国，西班牙的美食深受欢迎，使得佩帕巴斯康（Pepa Bascon）决定在科隆开设一家为非专业客户提供特殊服务为目的的新的“现金携带”超市。为此，她委托了 Masquespacio 设计她的新品牌和室内空间。

大约 500 平方米的设计空间所呈现的效果是为了寻找地中海式的情感，并与这种类型的企业所需要的功能特征相结合。

整个空间以黑色为主色调，给人一种严肃感和稳重感，与西班牙一些“快乐”的颜色形成对比，并没有让典型的西班牙主题色来主宰，独特的设计别具一格。收银台、展柜设计成宝石蓝的颜色，搭配整个黑色格调以及框架绿植，既尊贵、时尚，又不失清新自然。Masquespacio 的标志也遵循了品牌的模式，给室内设计注入了情感。

除了正常的储存式库房，还有冷冻的库房，这些都清楚展示了新的市场模式——一个 100% 可以现金携带的专注于西班牙美食的新市场。

在空间色彩搭配上，设计师多选用鲜艳明快饱和度高的颜色来大量点缀空间，为室内一定程度上注入了现代感

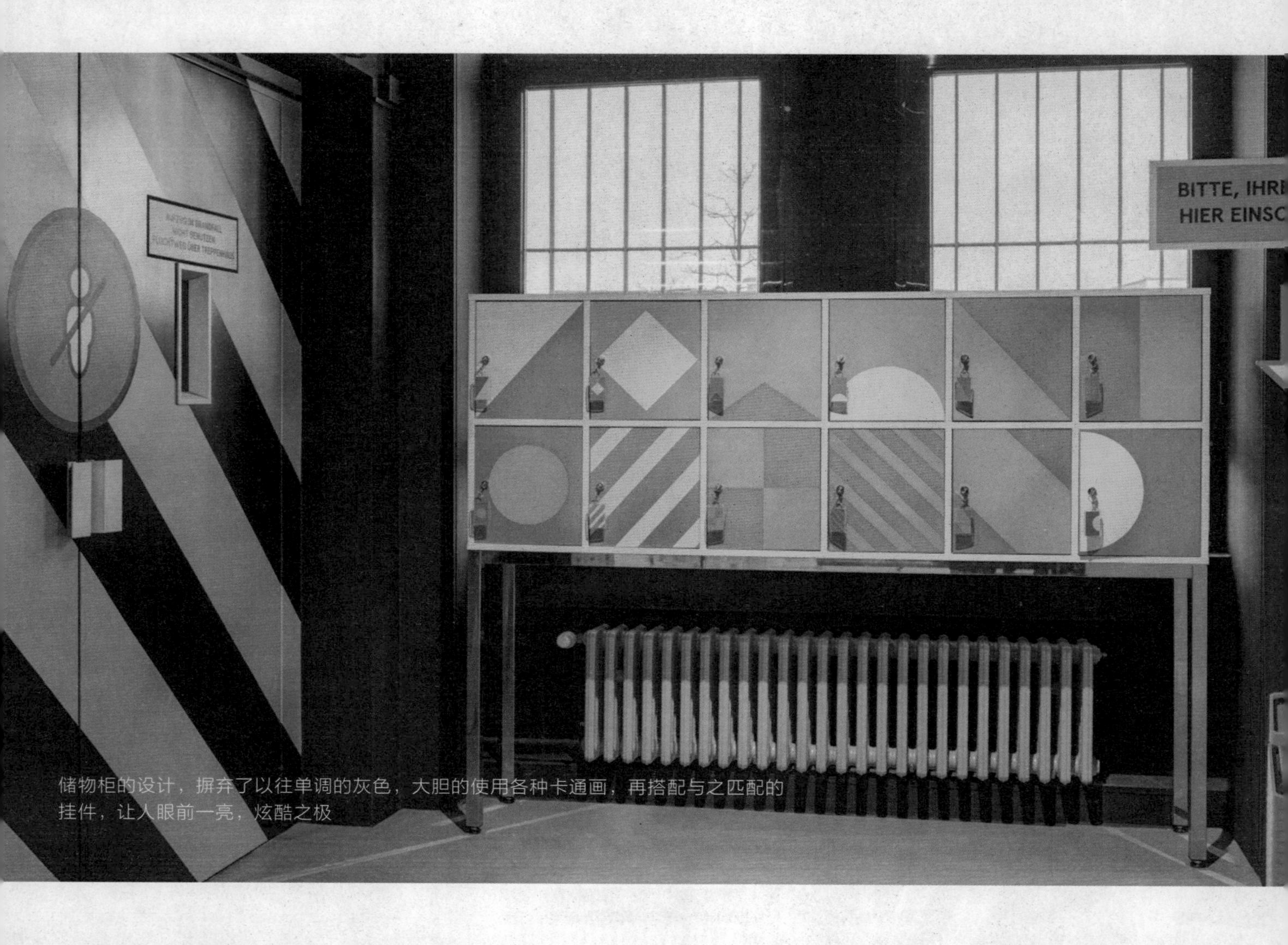

储物柜的设计，摒弃了以往单调的灰色，大胆的使用各种卡通画，再搭配与之匹配的挂件，让人眼前一亮，炫酷之极

透明展柜的设计搭配装饰性网格、遮阳篷和典型的地中海瓷砖，营造了一种清新自然的效果，背景墙运用马赛克瓷砖镶嵌、拼贴，配以小石子、贝类、玻璃珠等素材，打造地中海风情

收银台设计成宝石蓝的颜色，搭配整个黑色格调以及框架绿植，既尊贵、时尚，又不失清新自然。吧台四周走廊特意设计的比较宽阔，减轻了客流高峰时的拥挤

独特的展台设计搭配装饰的网格，黑蓝相间，以及独特的玻璃门窗设计，使整个休息区安静别致

冷室清楚地展示了新市场模式，浅蓝色的背景搭配黄色图案，给人一种冷静又不失活力的感觉

独特的展柜设计不仅能瞬间抓住消费者的眼球，还具有引导消费购物的效果

doing some good to
will be destroye
Jack was frig
Now
Princess
sure that here was a real
she could feel those peas
little hard peas on the
THE PEA

>>> 1.5

多功能店铺

让店铺鲜活起来

所谓的多功能空间就是既满足主要需求的同时，也兼具其他功能的需要，且二者带有客观物质性和主观精神性两方面的契合，其中功能的安排和软装的应用是着重展示的部分。

本书的多功能店铺版块针对 3 个鲜活的案例进行展示，解读多功能店铺空间存在的必然性。工作室在满足工作的同时，也具有居住功能和展示厅功能；宾馆在满足住宿的同时，也具有咖啡厅和眺望台的功能；展厅满足展示的同时，还具有自由交易的功能。这样的多功能店铺空间的软装之间，更需要相互配合、相互渗入，有所区分又和谐统一。

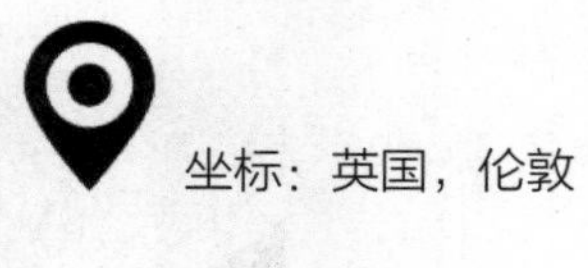

坐标：英国，伦敦

艺术之家
—— 特色个人工作室

设计师：L í gia Casanova

文 / 编辑：高红 代胜棋

本设计以“艺术之家”为主题，展现了一种艺术之家的居住空间。在这里，楼梯、书柜和众多艺术品被重新定位，勾勒自己的生活方式。空间设计上尽量采用开放式的设计手法，包括开放式弧形窗，阳光通过弧形窗照进来，增加了空间的采光区域。

在设计语言中传达思想形态，清新组合搭配各种装饰品，有回归自然之感和强烈的视觉引导。空间的艺术创作不只有陶瓷，还有各种不同颜色的画作，这些画作在不同的空间中相互呼应，一举两得。各种编织物也为空间增添了几分生活气息。

简约的空间内，极简风格洋溢着年轻人独有的戏谑情调。弧形窗的设计使空间内的线条跃动起来。窗台铺有窗垫，闲时倚窗而坐，取书而看，也是不错的选择。书柜被设计成背景墙，通过几个小型楼梯将整个空间断开，缓解了视觉疲劳。

书柜作为背景墙，通过几个小型楼梯将整个空间分隔开来

琳琅满目的物件在空间中从配角变成主角，已经分辨不清楚是它们在装饰空间，还是空间在衬托它们。

ATTITUDE

左页图：舒适自然的空间布局搭配长鼻子的小矮人背景，不仅给孩子们带来了心灵的温暖与阅读的享受，而且还用优美、童趣、诗性的语言告诉孩子人性所有的美好——善良、真诚、勇敢……

右页上左图：将童话城堡搬进书架的设计上，这让孩子更主动地去寻找属于自己的“宝藏”

右页上右图：小小的空间内，独特的极简风格洋溢着年轻人独有的热情。阳光通过弧形窗照进来，整个房子都暖暖的

右页下图：白色的陶瓷艺术品与褐色的裸石墙形成鲜明的对比，造型简洁的餐桌与素色的地毯将空间布置得简单高雅

陶艺是中国的非物质文化遗产之一，这件艺术品造型独特，简约而不简单的造型流露出女子的温柔、体贴和热情好客

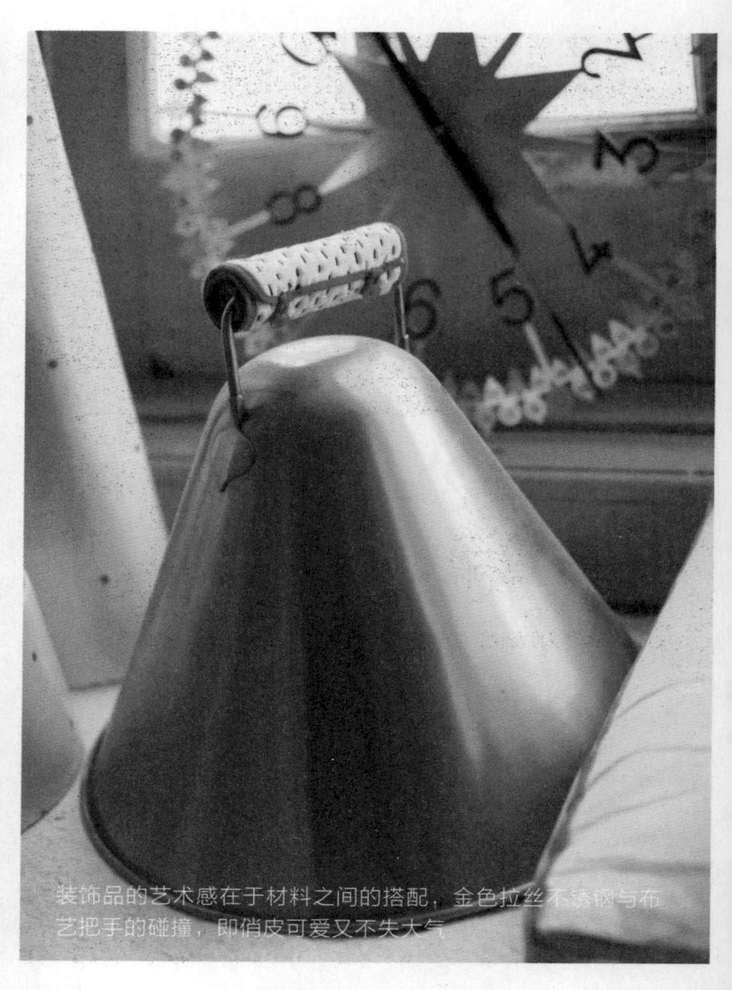

装饰品的艺术感在于材料之间的搭配，金色拉丝不锈钢与布艺把手的碰撞，即俏皮可爱又不失大气

磁石是中国古代重大发现之一，也是艺术家创造艺术、表现形式的重要工具。图中的磁石造型“R”，用铁锈点缀，给人一种自然之美。绣末与银末加之过俗，去之过普，平衡和谐

时间，犹如白驹过隙。同样的一刻钟，利用了就有价值，浪费了就分文不值。时间之于实干者，就是走向成功的步履，是源源不断的财富

纸艺是中国的非物质文化遗产，书中涌起万层浪，波涛汹涌。巨轮之上，飞侠与海盗殊死搏斗，战斗激烈，纷纷映入眼帘，引人入胜

“书籍是人类进步的阶梯。”——高尔基

纸艺将小红帽的外貌、神态、动作、描绘得栩栩如生、淋漓尽致

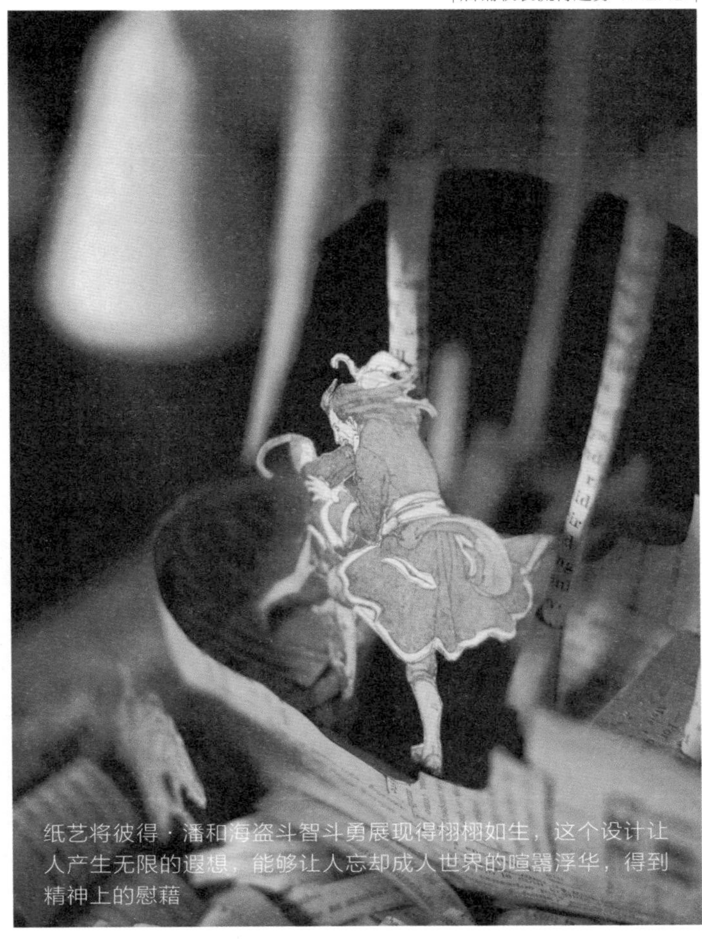

纸艺将彼得·潘和海盗斗智斗勇展现得栩栩如生，这个设计让人产生无限的遐想，能够让人忘却成人世界的喧嚣浮华，得到精神上的慰藉

纸艺一直是所有设计师的宠儿，纸的可塑性非常强，有时是参天大树的模样，有时是一双红色舞鞋的模样

微小世界是现实世界的延伸，设计师将书折成一场下午茶的场景，人物惟妙惟肖，茶壶生动自然

坐标：韩国，济州岛

韩国go mir

—— 东临碣石，以观沧海

设计师：Moon Hoon 建筑事务所
项目团队：Kim suk hee Park jeong uk Song jun eui
文 / 编辑：高红 杨念齐

"东临碣石，以观沧海。水何澹澹，山岛竦峙。"

济州岛是韩国知名的旅游胜地，高大的汉拿山，黝黑的玄武岩，波澜的大海。基地临近著名的"龙头岩"，这给了设计师创作灵感。"Go"为业主的姓氏"高"，"mir"为韩文中的"龙"。店名、设计、景色相互交融，浑然天成。

整个建筑的立面选用黑色泡沫外墙，搭配赤红色的点缀，再与不规则的外形和开窗结合，宛如一块正在奔腾翻滚的熔岩。整个建筑看似不大的单一体量，内部却别有洞天。整个建筑包含民宿、咖啡馆、住所三个截然不同的功能分区。设计师根据客户的要求和预算，设计了一个简单而密集的功能模块，中间有一个小的中庭，它承载着客房设计的通风和照明的孔隙度概念。从马路上看，左边是客房，右边是咖啡馆和房子。东南方向是为房子创造更好的日常生活条件的位置。

第一层是倾斜的，即使空间很小，但体积的体验是空间扩张的。客房的入口在后面，提供了悠然的步行体验和一个繁忙交通中的缓冲地带。小的大厅被一个三层楼高的中庭所容纳，提供了一种平静的光线，给人喘息的机会，否则就会形成一种紧凑的空间结构。第一层的房间很小，但有私人浴室。第二和第三层的房间都有公共浴室，每个房间都有一个 5 人的家庭房间。公共厨房和早餐室有双层高度空间，与三楼的图书馆有视觉上的联系。

图书馆通向房子上方的一个开放的红色油漆平台。室外楼梯兼有作为电影院和音乐厅的功能。龙头观景平台从露天平台上升起一层，为看书和观海提供了良好的视野。Go mir 给你一个回味无穷的经历。登高望远，龙头台上；天地乾坤，星辰大海，一切尽收眼底，幸甚至哉，歌以咏志。

从建筑这个侧立面看去，就像一条卡通鱼，异形的窗户构成了它的眼睛和嘴巴，而建筑外表皮则构成了它的鳞片

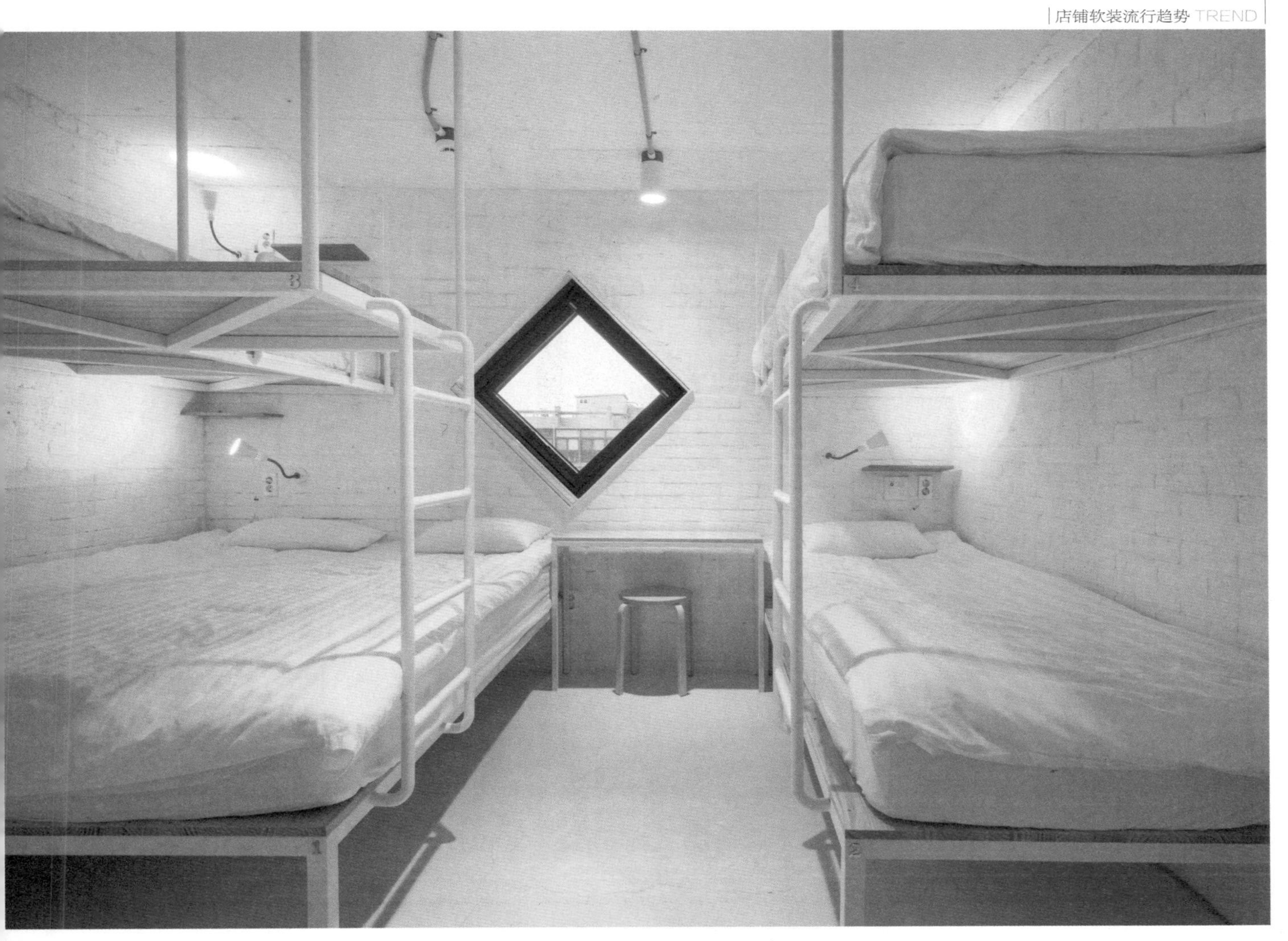

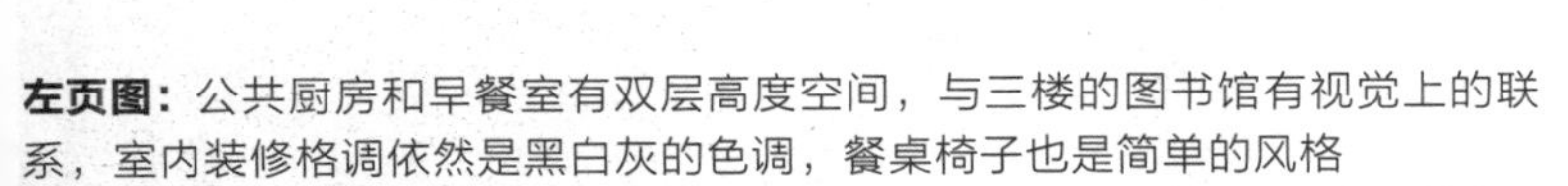

左页图：公共厨房和早餐室有双层高度空间，与三楼的图书馆有视觉上的联系，室内装修格调依然是黑白灰的色调，餐桌椅子也是简单的风格

右页上图：二三层的房间室内墙壁均粉刷成白色，与地面，床上用品相互协调。墙上开一个菱形的黑框小窗户，避免了只有白色的单调

右页下图：红色漆面的金属栏杆扶手，划分了空间，像纯白世界中的一抹红

大面积方形窗户承载着采光照明的重要作用，透过窗户，似乎又看到了另一个世界

龙头观景平台为海和山提供了良好的视野，从观景台上，你也可以看到济州国际机场的飞机

在这红色的世界中，唯有楼梯是其他颜色，加上仅容一人通过的狭长通道，仿佛来自异世界。但在推开门的瞬间，便看到对面的大海，似一瞬回到人间，给人强烈的对比

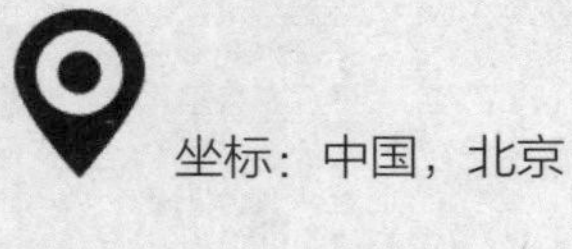
坐标：中国，北京

葡萄牙SERIP灯具展厅

—— 遇见一束光的设计

设计师：崔树
设计公司：寸 DESIGN
摄影师：王厅 王瑾
文 / 编辑：高红 代胜稳

设计师基本简介：
CUN DESIGN 寸品牌创始人
2015 中国设计星全国总冠军
2016 INTERIOR DESIGN 中文版封面人物
中国设计星执行导师
中装协陈设艺术专家委员会专家委员
台湾两岸设计封面人物

SERIP 品牌灯具展厅位于北京市马泉营，建筑本身是彩钢瓦结构，处于一片空旷厂区里。但走进这个空间时，会有一束光透过仅有的天光口映射到场地，犹如在空间中画了一条干净的切线，将其一分为二。灯的存在也有着白天与黑夜不同的展示效果，两种极端的色彩既矛盾又统一。源于自然界的圆形、螺旋形以及不规则不均匀的形状，带有一种梦幻、浪漫与使人惊艳的缤纷。为了定制这个空间，设计师在灰色墙体摆放了一些与之气质相符的动物图像，以营造一个梦幻的氛围与气场，应和着 SERIP 灯具独特气质。遇见一束光的设计——葡萄牙 SERIP 灯具展厅打破了传统规则的束缚，将极简主义、现代、古典等各种风格完美融合在它的设计里，营造了独特的空间设计风格。

在展区建筑外立面，切片的排布形式把整个建筑隐藏起来，完全统一的造型使之看起来并没有明显的入口，让整个展厅形成一种独立个性

展厅内动物图像的选择多是放大突出在眼睛，眼神中表现的冷色调，或偏暖色的圆形状的眼睛与“SERIP”灯具的圆形、螺旋形以及不规则不均匀的形状形成一种很好的呼应，将“SERIP”灯具的气质表现得淋漓尽致

漫步“SERIP”，整个空间大面积处于黑色之中，一抹曲线不规则的暖色灯光跃然而出，旁边是带有反光效果的品牌名“SERIP”，在灯光的映衬下若隐若现，含蓄而低调

左页图： SERIP 灯具展厅立面墙体的设计为不同角度的排列，既增加了观者在展厅穿梭走动的行迹，又丰富了展厅空间的陈列布局

右页上图： 在营造梦幻奇妙的缤纷世界时，设计师在拐角处置以玩偶，远远望去，成为白色视觉中的一“点”黑，与立体空间中悬顶垂下的灯具搭配，独特新颖

右页下图： 展厅结构打造的空间与陈列艺术品间形成一种恰到好处的互通。倾斜而下的光线，给展厅整体营造了一种神秘浪漫的氛围感

左页左图：不规则圆形造型的灯光散发出一种古典与现代的美

左页右图：无色之中一点“绿”，整个展厅黑白灰的主色调中并不会给人一种单调感。黑白分割的构成感强烈彰显极简主义。白色墙区域点映的绿植，在环境中显得极为活泼烂漫，富有生机

右页上图：展厅空间中根据 SERIP 的产品创造了人造光，黑区放置了一些水晶灯，白区则放置了以独特手工吹制的玻璃艺术品灯具和造型好看的灯

右页下图：展厅的空间设计是独特的，这不单是为眼睛服务，或者为设计师自己表达的需求，或是为了走进这个空间中的顾客可以挑选灯具，但这三点“遇见一束光的设计”都做到了

2

插花教程 COURSE

花是美的象征，是世界共同的语言，也是人类在大自然中最早、最经常接触的对象之一，它是人类的无间伴侣，所以集众花之美而创作的插花、花艺作品自然也是人类生活中不可缺少的一部分。四五千年来，它一直伴随着人类文明生活同步走来，从早期以此供奉祖先、社稷和神祇，到以花传情，表达祝贺思念祝福、馈赠之礼，鲜花成为人类社交活动最美好的表现形式。

复古花瓮 —— 贵气延伸的情调

尤加利红叶
茵芋
洋牡丹

麦穗
山里红
肯尼亚夜莺
松虫草
日本奥斯汀奶油
荔枝

复古花瓮

——贵气延伸的情调

文 / 编辑：高红

材料：洋牡丹、松虫草、肯尼亚夜莺、唐棉、尤加利红叶、荔枝、日本奥斯汀奶油、麦穗、山里红、茵芋

工具：花瓮一个、花泥、剪刀

制作方法：

1. 把花泥切成相应的大小塞入花瓮中；
2. 拿出 4 只焦点花材，最大的一只放在最底部，其余三枝以三角形的形状前后插入花泥中；
3. 在靠近荔枝的地方插入大小适宜的山里红；
4. 加入红色尤加利叶，两边要有垂坠感，中间要有延伸感；
5. 在荔枝的空隙处加入肯尼亚玫瑰夜莺，整理的色调就定为优雅款；
6. 加入两只洋牡丹，深色在下面打造底部沉稳色，浅色在上面营造轻盈感；
7. 在适合的位置加入唐棉，正面的绿球要显露出来，黑色的马蹄莲放在下方，注意朝向，要舒展开来；
8. 在适当的位置加入轻盈的松虫草、麦穗。在焦点花材靠下插入散状的茵芋，与焦点花材的块状相呼应。

S A U
3

8

6

7

色彩教程
COURSE

蓝色的意义和使用技巧

蓝色，三原色之一，代表着和平、理性、智慧、广阔、镇定、清新、包容、信任、忠诚……蓝色是最冷的色彩，它非常纯净，通常让人联想到海洋、天空、水、宇宙。

蓝色在国内外都深受喜爱。在英国，贵族血统被称为“蓝血”；皇室和王族女性所穿的深蓝色服装被称为“皇室蓝”。除此之外，在他们的婚礼上要求每个新娘的嫁妆中配备蓝色花束，代表忠诚。

不同明度的蓝色会给人不同的感受。深蓝色可以给人一种悲伤、神秘、可靠和力度的感觉；浅蓝色有一种非常清新、友好的感觉，通常会让人联想到天空、水，给人以提神，又能表现自由、平静之感。在设计中，浅蓝色表示放松和平静，而亮蓝色则表示活力和清新，常适合办公、医疗等空间。

色彩轻松搭 —— 蓝色的运用

色彩轻松搭
——蓝色的运用

文 / 编辑：高红 白鸽

配色关键字：

秘境

本空间色彩组合：湖蓝色、蓝绿色、紫色、黑色、白色

此空间最大的特色在于对比色的运用，高纯度大面积的色彩犹如蒙德里安的色彩构成，生动且富于变化。与众不同之处还在于起居室背景与后方空间相融合，整个空间的蓝、紫、黄在同一平面上形成鲜明的对比，更显示出色彩构成的大胆与创新。搭配以墨绿色菱格纱幔、白色百叶以及皮质复古家具，彰显了空间主人高贵的情调，在灯光映衬下，有一种迷离、梦幻之感，使人沉醉其中。

R: 223 G: 224 B: 226 | R: 237 G: 196 B: 78 | R: 0 G: 119 B: 162 | R: 147 G:24 B:128 | R: 2 G: 61 B: 91

蓝色如海般深邃，山般沉稳，无论是深蓝皮质沙发、浅蓝木质座椅，亦或是青蓝碎花餐垫地砖，都透漏着浓郁的西班牙特色。琉璃玻璃吊灯、米色木质墙板彰显着设计师对于西式复古风的追求。一食一餐，精致而珍贵，身处此处，透过铁架窗格，欣赏床边美景的同时，享受食材最天然的味道，生活的美妙不过如此。

配色关键字：

西班牙

本空间色彩组合：深蓝色、浅蓝色、青色、米色、白色

R: 194 G:193 B:198	R:150 G:136 B:123	R:89 G:126 B:171	R:117 G:162 B:168	R:5 G:51 B:75

配色关键字：

幽静

本空间色彩组合：宝蓝色、浅蓝色、深木色、黑色、黄色

浅蓝色墙面与宝蓝色座椅之间的过渡奠定了空间幽静、神秘的特点，黄色靠垫与实木茶几的色调作为调和色中的对比色，以获得明快、祥和之感。褐色渐变地毯，犹如大地般宽厚、质朴，让整个空间沉静下来。通透的薄纱，散落的银杏壁纸贴花，在柔和灯光映照下愈发显得迷离梦幻，营造出一方适于静坐、冥想的空间。

R:186
G:199
B:205

R:25
G:134
B:191

R:95
G:33
B:22

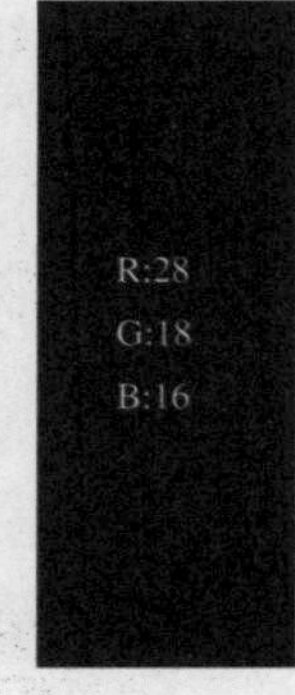

窗台这一方小天地的色彩运用跳跃大胆，就如同这个空间带给我们的无限可能性一般。深邃的湖蓝搭配柔美的玫瑰红，形成一种不愠不火之美。渐变色地毯是布艺座椅的延续，绿植的巧妙引入更是赋予空间新的生命力。整体配色注重色彩明度的搭配，以求得室内环境的稳定与均衡，达到沉稳的“明调”。

配色关键字：

跳跃

本空间色彩组合：湖蓝色、玫红色、白色

R:169
G:160
B:151

R:0
G:94
B:132

R:159
G:7
B:82

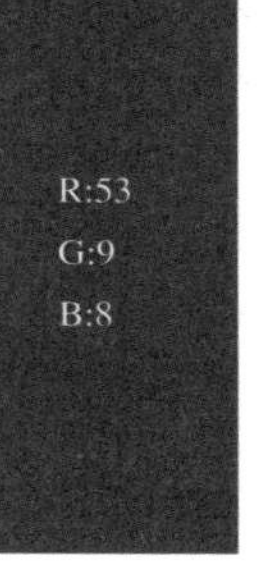

配色关键字：

淡雅

本空间色彩组合：湖蓝色、靛蓝色、青色、灰色、白色

高纯度的调和色相互协调搭配营造出犹如海洋般清新、淡雅的起居室空间。家具中白蓝双色的巧妙衔接，加之材质上由硬至软的转变，给予主人沉静、安稳的享受。湖蓝色碎花背景墙前后呼应，连同方格状浅灰色地毯，多元素的融合取代往常对比色的配合，活化了空间视觉体验。整体色彩搭配淡雅柔和、清新自然，彰显主人追求清静、素雅的生活品质。

R:150 G:140 B:145	R:196 G:155 B:133	R:211 G:50 B:22	R:64 G:23 B:21	R:32 G:106 B:171

色彩搭配中，白、金、黑色的组合通常会给人带来富丽堂皇之感。这一公共餐饮引入经典的深蓝色搭配布艺，使整个色彩构图华贵中不失沉稳、高贵。蓝白座椅搭配金色圆桌，简洁清新，明亮耀眼，营造出轻松积极的洽谈氛围。顶板垂落的金色水波形灯具与布艺靠垫相呼应，可谓空间中的点睛之笔。

配色关键字：

明亮

本空间色彩组合：深蓝色、白色、金色、黑色

R:217 G:210 B:200	R:213 G:188 B:121	R:189 G:152 B:123	R:36 G:90 B:38	R:15 G:43 B:82

配色关键字：

高贵

本空间色彩组合：蓝色、金色、米黄色、白色

米黄色理石贴面、纯白毛线地毯、鹅黄色轻质窗幔搭配精致水晶吊灯，营造出会客空间的高贵典雅。深蓝色布艺沙发起到调和空间色彩的作用，使整个空间氛围更显沉稳。精致的墙线勒脚以及对称的家具排布使居住者尽享尊贵之感。

整个餐饮空间如同悬浮在水面一般，通透、清澈。深蓝色花格便是沉落水底的奇异石子，在白色顶板上投射出微蓝的光晕。整个空间以蓝色为主基调，搭配以纯白色复古装饰架，原木色餐桌，仿佛将你带回淳朴的西班牙小镇，碧水蓝天，美酒佳肴，营造一种清透、安静、温馨的用餐氛围。

配色关键字：

清透

本空间色彩组合：深蓝色、孔雀绿、木色、白色

R:129 G:111 B:89	R:21 G:116 B:136	R:36 G:90 B:38	R:223 G:4 B:32	R:38 G:96 B:146

配色关键字：

高贵

本空间色彩组合：紫色、木色、青色、白色

整个空间的色彩变化服从一种柔和暖色调，使得整体装饰呈现相互和谐的完美整体性。木质背景墙搭配紫色条纹肌理立柜，营造静雅、安详、柔美之感。色块的运用上注重与主色调相互统一，在形状材质以及位置选取上都充分考虑到不喧宾夺主，而起到了点睛之用。金属色在灯光的映射下光彩熠熠，体现优雅精致的生活品质。

R:165
G:162
B:171

R:73
G:141
B:150

R:105
G:94
B:128

R:132
G:99
B:46

浅蓝色壁纸搭配相同颜色的床单，带来的清新淡雅之感或许是疲惫的人们最好的心灵慰藉。纯白色抱枕、实木边框，映衬得整个背景愈发的干净、温馨。木质树枝状吊灯与白色珊瑚相框相呼应，这些心机小物的融入使得整个空间愈显可爱。安睡于此，如同沉浸在静谧的湖底，柔软安详。

配色关键字：

清新

本空间色彩组合：浅蓝色、白色、木色

R:160
G:121
B:90

R:146
G:173
B:190

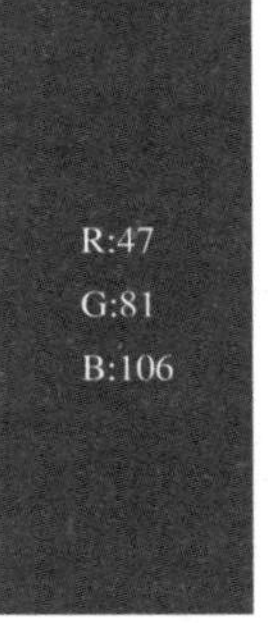

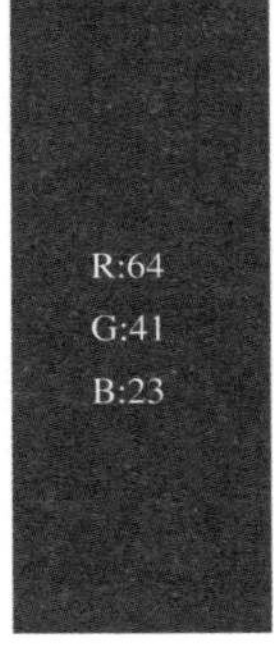

编辑推荐 RECOMMEND

本章分为 3 个部分

“产品”的推荐：具有设计感的家具大集合。

“图书”的推荐：推荐四本具有阅读意义的书籍，供读者参考阅读。

“网店”的推荐：将一些具有设计感的物件展现出来，提供购物的网址和店铺的基本信息。

多彩家具

奇思妙想的“小店铺”

奇居良品家居体验馆——热带风情篇

编辑推荐RECOMMEND

>>> 4.1

多彩家具

家具的价值除了实用外，更重要的是其中所蕴含的文化价值。任何家具，往往都体现着一定的社会形态、生产方式、生活习俗、人文理念、美学理念和价值理念，从而使实用性和艺术性相结合，并具有鲜明的时代特征、地方特色和民族风格。本节推荐 6 个系列的彩色家具，不同的材质所展现的效果也不同，好的家具有点亮空间的点睛效果，也是装饰空间的重要元素。

康奈尔大学
“手推车”家具系列

设计师：林伟而 林振华 卢曼子
摄影师：Nirut Benjabanpot Garrett Rowland
设计公司：CL3 思联建筑 Lim + Lu 林子设计
文 / 编辑：高红 刘奕然

人可以改变环境，环境可以影响人，而设计则可以同时改变人和环境。设计师们通过各种元素像线条、符号、色彩等的组合将产品呈现出来。本设计中，纽约随处可见的手推车成了设计师们的创作灵感。

有效的布局规划，合理的空间运用，以小博大，用有限的空间做无限的设计就是这个作品的理念精髓。从外观来讲，配色足够吸引人，荷兰风格画派的配色、精巧的空间隔断、恰到好处的平衡和比例、符合人体工程学的高度视角，每一样都是经过设计师斟酌和考量的。将符合亚洲标准的设计、比例平衡的直观感受与当代的设计方案以及创新材料相结合，从而创作出多功能的设计作品。从实用的角度到超载的发挥，最终构成艺术的主体。作品可以以任何一种形式排列和摆放，没有固定的用途和位置，使用者也可以根据自己的需要对它进行任意调整。“手推车”的设计之旅从检验手推车的固有特性和它们如何运用在日常生活中开始，以它的倾斜到推行状态切入，最终才得到了这样一系列可以“行走”的多功能家具。

一物多用是手推车的最大特点，推车把手设计的弧度与高度变换一下摆放方向就成了一个现代感十足的茶几，放平后还有开放式内置柜，别出心裁

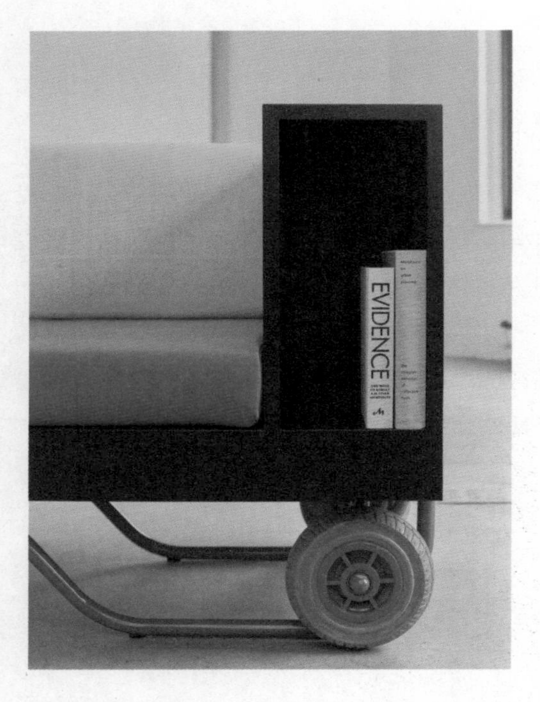

手推车家具的规则几何外形让它可以轻松拼接，系列作品中又分为长短不一的单品，稍加调整就可组建一组双人沙发。格局分划和运用空间极为巧妙，轻松分割出置物柜，实用简洁且美观

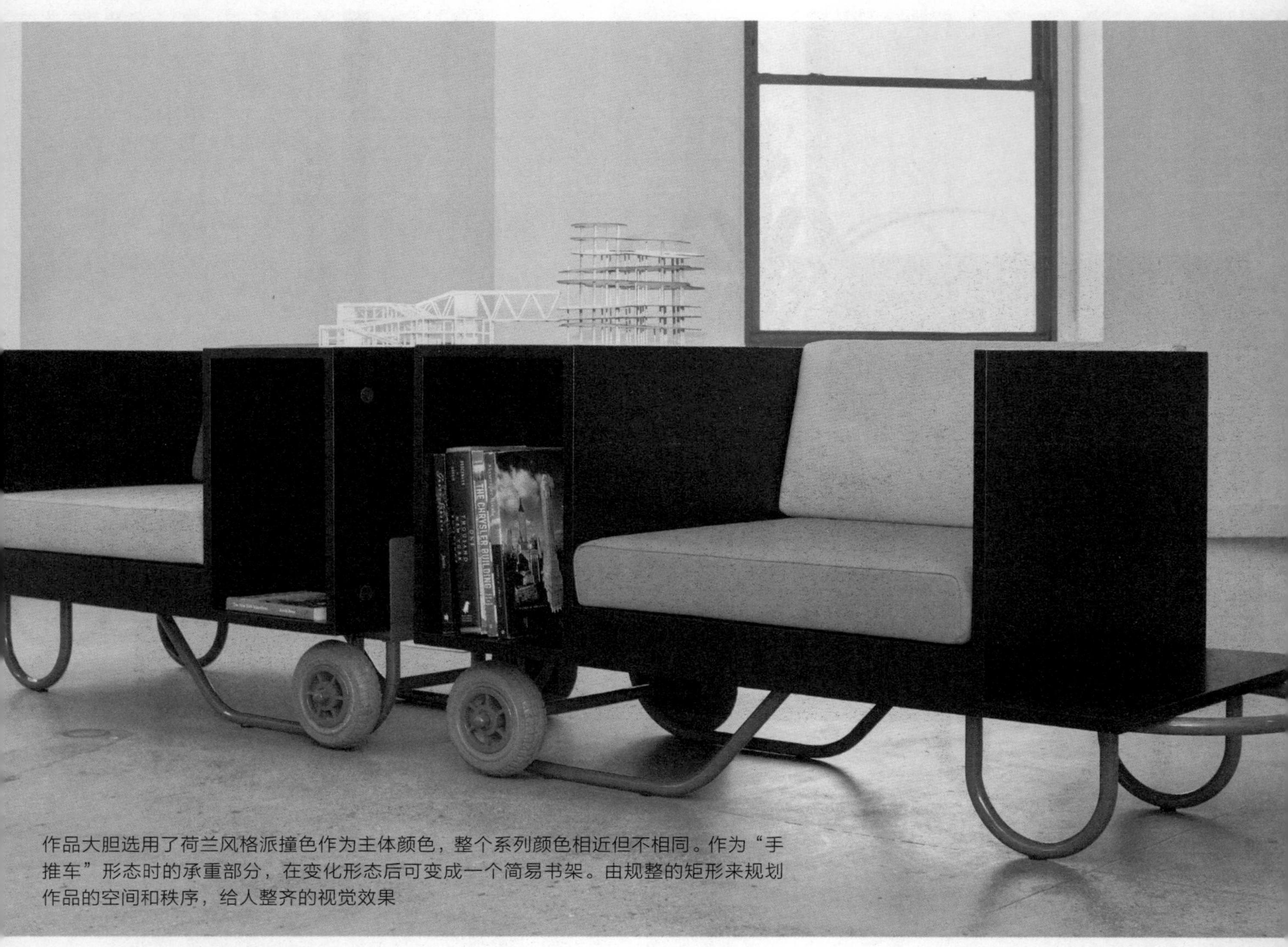

作品大胆选用了荷兰风格派撞色作为主体颜色，整个系列颜色相近但不相同。作为“手推车”形态时的承重部分，在变化形态后可变成一个简易书架。由规整的矩形来规划作品的空间和秩序，给人整齐的视觉效果

在作品上挂上两件衣服就赋予了作品新的意义，一个可以轻松移动的衣帽架又或是现代风格的展示衣柜，它身上有各种可能性，并且作品自己就会向观者诠释它的多样性

放置的角度决定了“手推车”整体的功能，一面可以做一个多角度的展示柜，但旋转到另一面又变成了一个可以歇脚的私人小空间，尽量保证隐私的同时，也不会让人觉得封闭

整个系列由 12 件便携家具构成，高矮不同，配色作为一个系列整体相互搭配。超越家具最基本的功能，并与所处的背景融为一体。互补是一项重要的设计理念，加法和减法并存，为的就是平衡整体的视觉效果，高低交错摆放的“酒柜”放置于任何空间中都不至于突兀，并且保持了设计的素净简洁。不同的摆放方式有不一样的视觉美感，这款组合宽窄不一，维持了观者的视觉体验。色彩明快的把手是这款组合的点睛之笔，整体构造像一个 4D 版的电路图

手推车或保持直立，或保持倾斜的灵活性被注入了家居设计中，设计师为它创造出更多使用性能的同时，又保存了它原有的灵活性。虽说这是一款家居设计，但是它也完全拥有一个手推车拥有的功能，并且风格更加“MODERN”

红碧玉高桌
Jasper Console

设计公司：Samuel Amoia Associates
文 / 编辑：高红

来自纽约的设计师 Samuel Amoia 以创造性地手法，用玛瑙、碧玉和黄铜等矿石或金属材料制作家具，将平凡化作了不平凡。

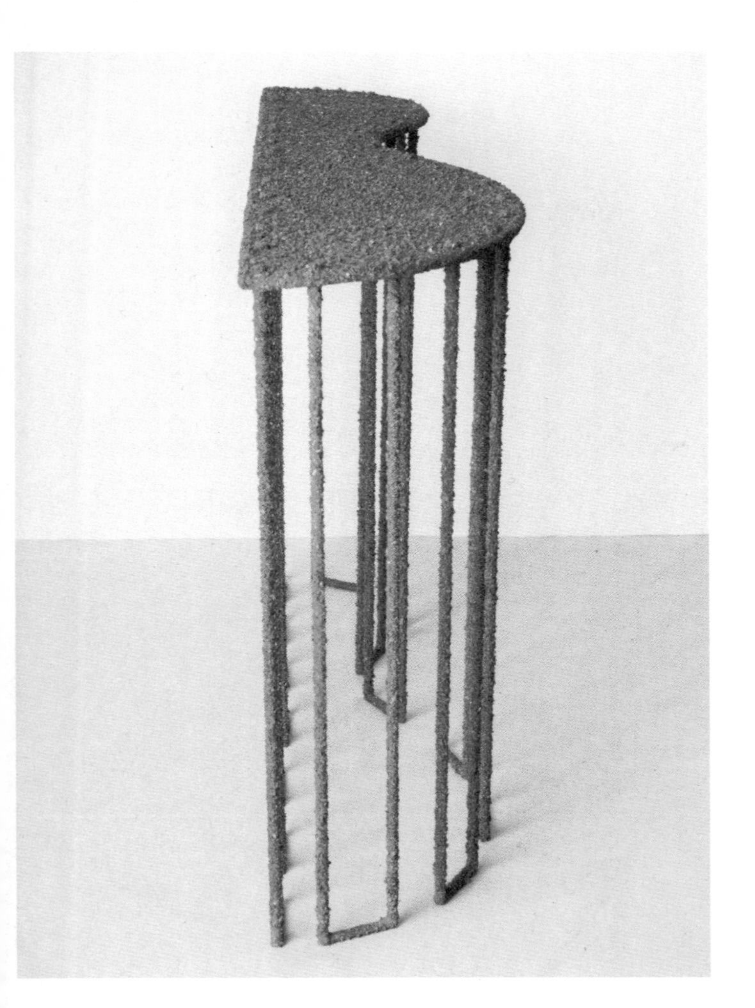

白铜高桌
Brass Console

设计公司：Samuel Amoia Associates
文 / 编辑：高红

无论单独放置，还是多款组合，这款系列家具都将成为室内空间的点睛之笔。

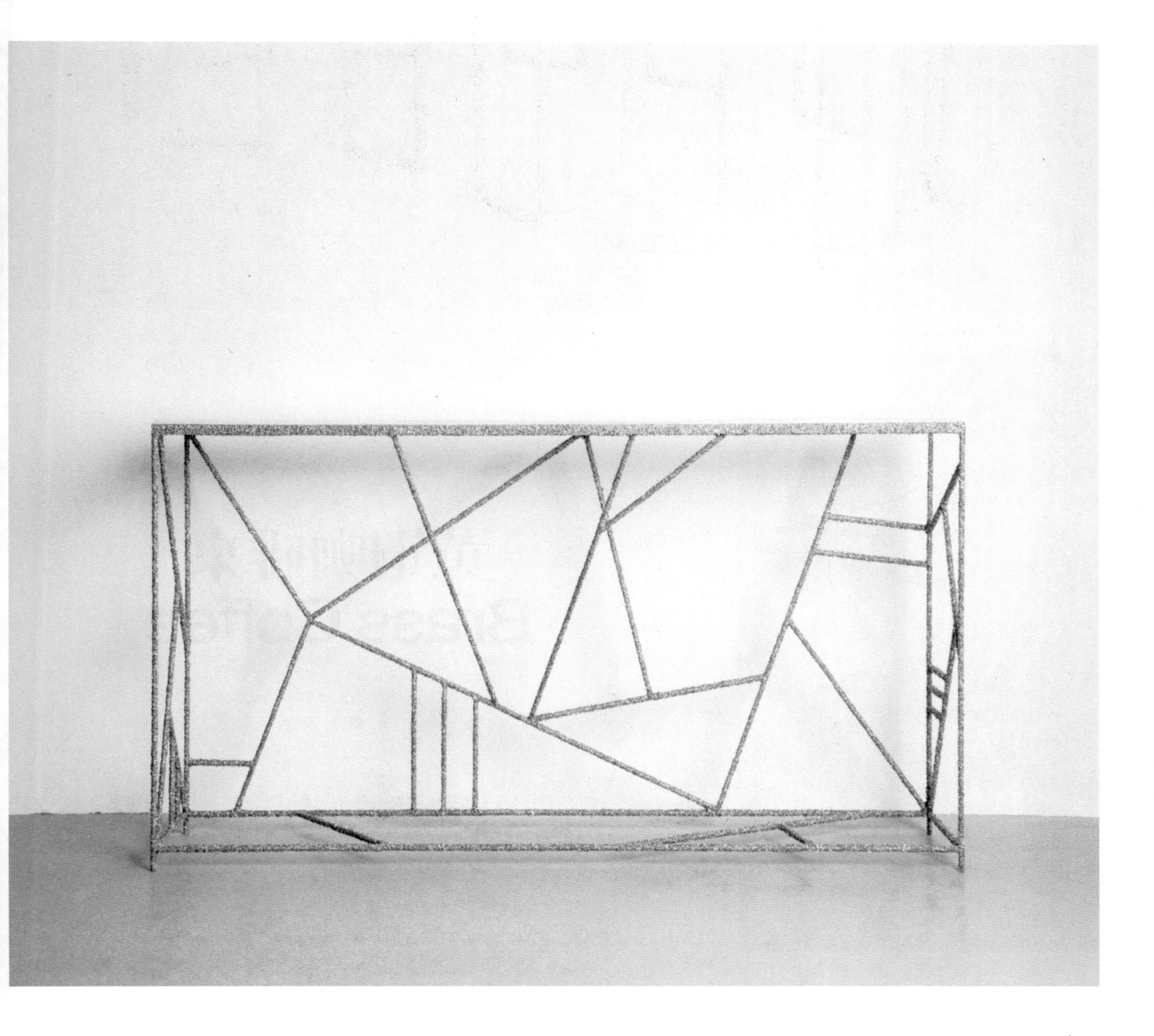

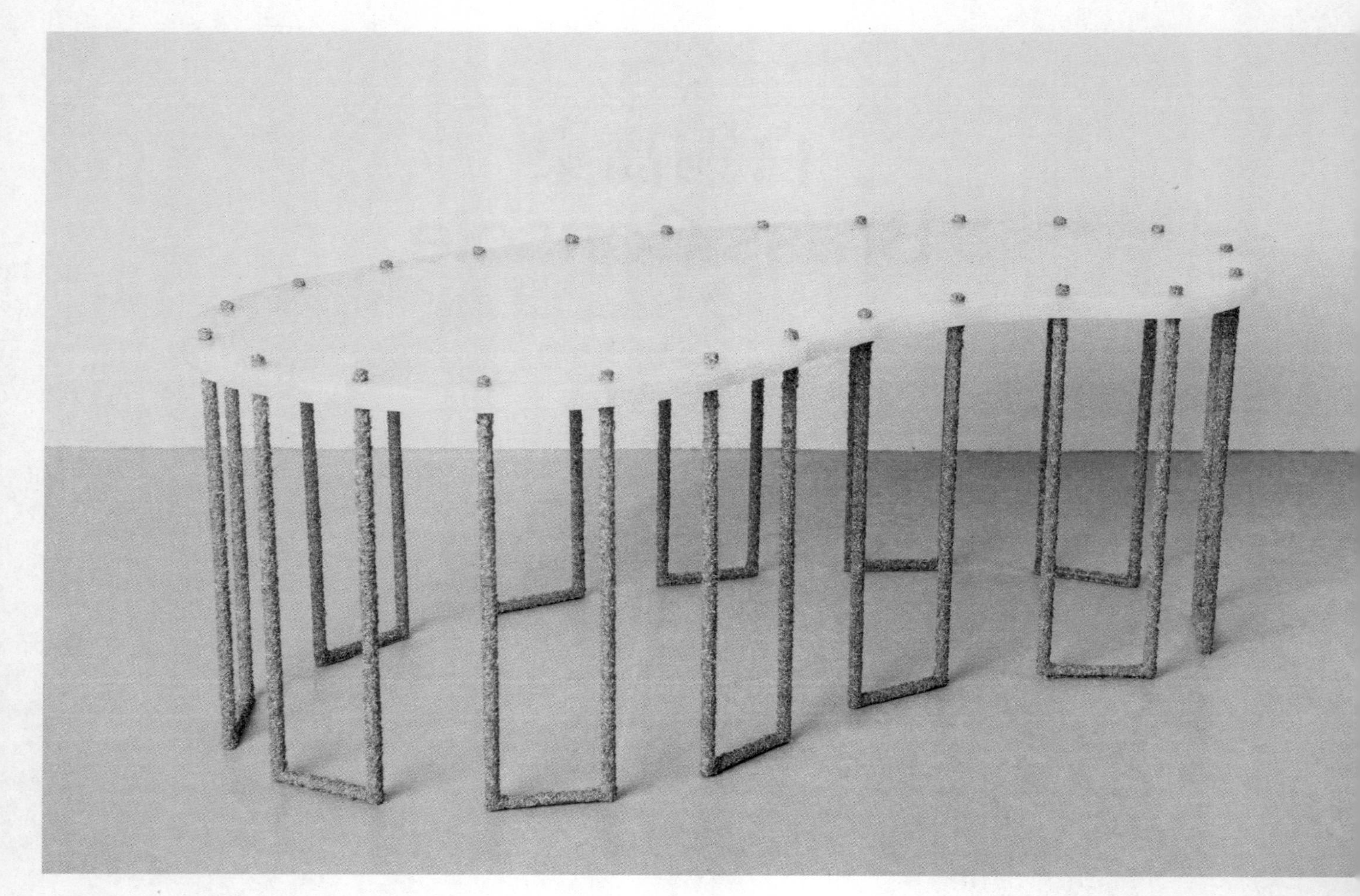

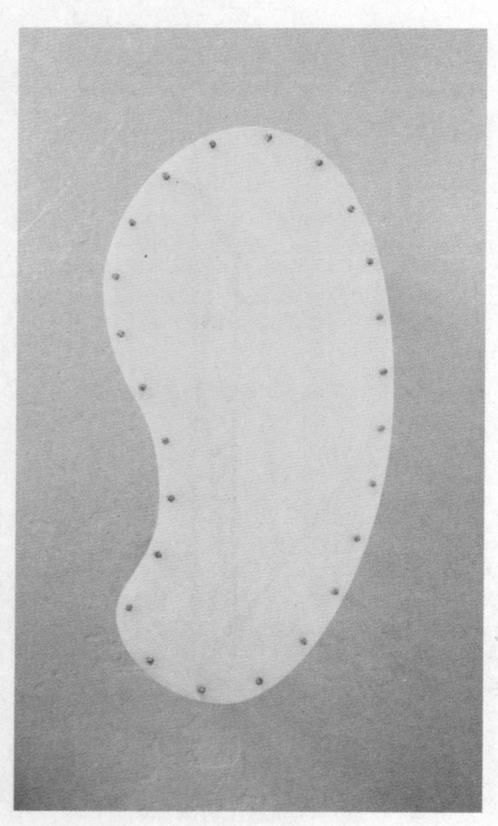

黄铜咖啡桌
Brass Coffee

设计公司：Samuel Amoia Associates
文 / 编辑：高红

色彩各异的宝石和金属被研磨分解成细碎的颗粒，再黏贴到桌面和支撑结构上。

天青石咖啡桌
Lapis Coffee Table

设计公司：Samuel Amoia Associates
文 / 编辑：高红

几何化的简洁结构和丰富的材质肌理形成了有趣的反差，凹凸不平的表面，给人不一般的触觉体验。

冰与火之歌
Normann Copenhagen Showroom

设计师：Hans Hornemann　项目地址：丹麦
文 / 编辑：高红　杨念齐

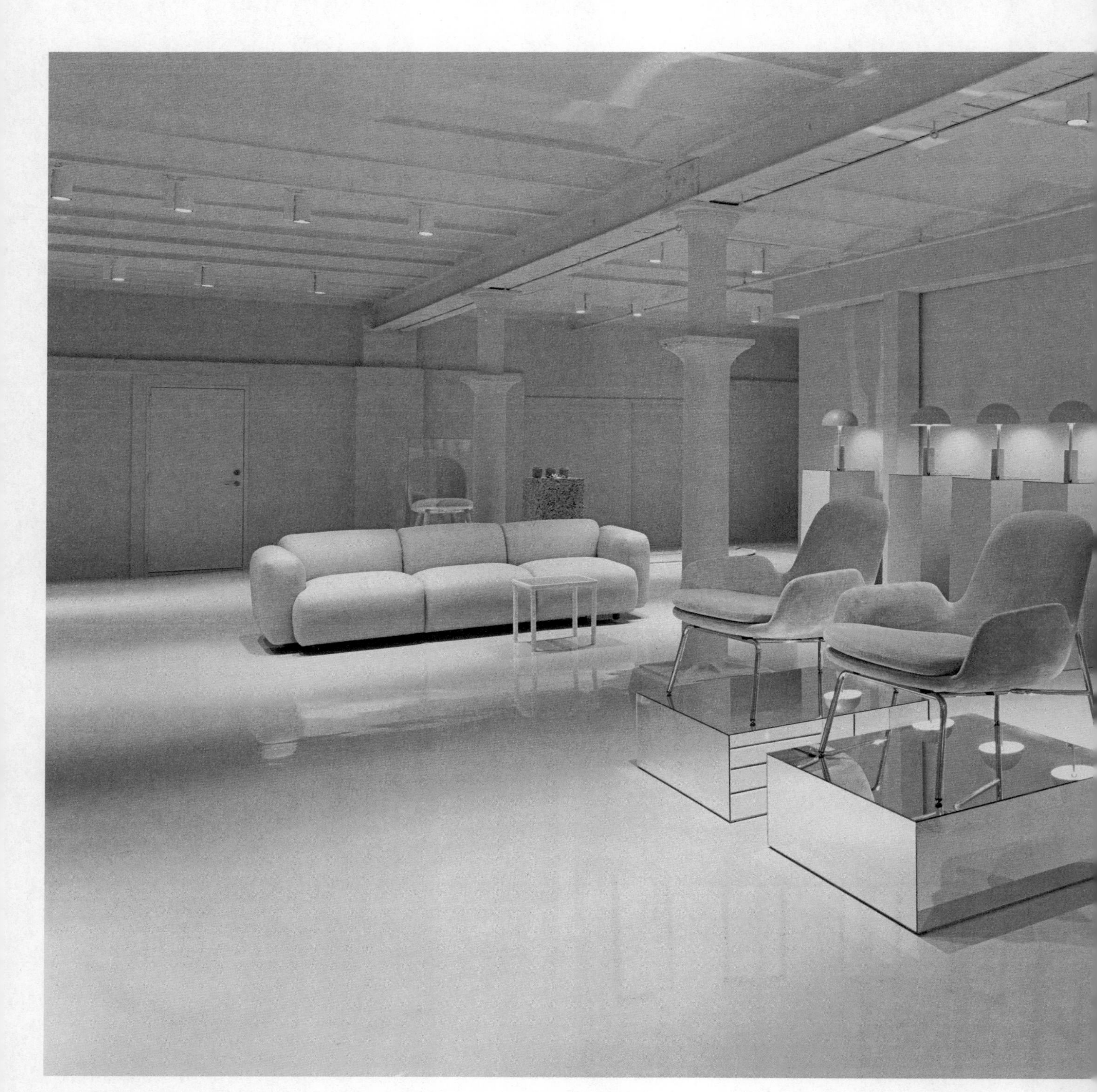

位于丹麦哥本哈根的Normann Copenhagen总公司在进行大规模的全面翻新之后，以壮观的新展示厅重新开放。相对于其他品牌的Showroom，Normann Copenhagen Showroom更像一个恢宏的展览馆，其震撼眼球的设计令人过目难忘。

展厅的主题为原始与工业。它将环氧树脂、钢、玻璃以及有机元素（如毛绒地毯和发光的水磨石等）不同的材料混合在一起，给人眼前一亮的感觉，并且每个细节都如同老电影一般精心布置。展厅分为四个不同的区域：大厅、舞台、舞厅和画廊。在长长的门厅里，一条20米的长形沙发一直延伸了整个大厅。从干净的珊瑚顶部上的丰富的金色到浓重酒红色，展厅的沙发与钢制的大厅形成了一种强烈对比。在排排荧光灯下，这条引人入胜的隧道通向舞台，大厅与大宴会厅相连。在舞台上，你可能会迷失在梦幻般的粉蓝色的日常幻想世界里，把闪闪发光的笔记本和天鹅绒的铅笔放在一个充满不可抗拒的古怪糖果店里。

大理石和玻璃上有160盏灯的华丽灯具，在五彩缤纷的家具和饰品上闪耀着光芒，沿着这些水彩的台阶走到大宴会厅，你会发现更有活力的展品在等待着你的探索。而在沙龙的中间，一个金属轴引导着画廊。铺着豪华粉色地毯的楼梯提供了一个小的暗示，在下面的深处等待着你，在轴的尽头，你将被一场粉红色盛筵轰炸眼球。

正如设计师所说："我们想让参观者感受到他们在艺术中四处走动的感觉。我们在室内环境中，对温暖和寒冷进行了对比，这是对那些值得保护的建筑的致敬。"

左页图：整个空间被粉色渲染，小台灯几乎与整个空间融为一体，但其小蘑菇般的造型和极简设计，依然紧紧掌控着人们的目光

右页图：小小的玻璃罩子里展示了各式上衣，从薄料的衬衣到羊羔绒的鹿皮外套，再到皮草，让人不自觉联想到将它们穿在身上的感觉

本页图：粉色展厅设计成一个个的小场景，形状怪异的大灯饰下，摆放着一个椅子和两个桌子，连品茶闲聚都变得浮想联翩，温馨而浪漫

左页图：这粉粉嫩嫩的空间，将展示的沙发衬托得尤为可爱，简单大方又不失优雅

GREGORY
AUDREY
PECK · HEPBURN
WILLIAM WYLER
Vacances
Romaines
EDDIE ALBERT
Nº1

编辑推荐RECOMMEND

>>> 4.2

"奇思妙想"的小店铺

一个好店铺不仅需要好的经营模式，也需要同时具备良好的空间环境。本节推荐 4 本关于店铺设计的好书：《餐饮空间氛围营造》《人气小店设计解剖书》《室内细部图集 4 咖啡馆》《我家就是咖啡馆》，以便给读者更好的启发。

(二)
西班牙餐饮的特点
1. 注重配料使用
2. 原料富足，烹饪方法注重保留本味
3. 西班牙菜的地中海风情
2. 西班牙特色美食
1. 特色调味料
(一)
西班牙饮食文化
1. 区域美食概况

作者：简名敏
出版社名称：江苏凤凰科学技术出版社
ISBN: 978-7-5537-5643-1
语种：中文
价格 :288.00 元
装帧：精装
版次：第 1 版
出版时间 :2017.10
开本 :16
页数 :272

《餐饮空间氛围营造》

编辑推荐

消费美学时代来临，一大批有着文化素养和审美能力的消费者，开始关注“餐饮美学空间”。去餐厅不只是为了吃饱，更是为了欣赏美的环境和享受美食文化，这是大势所趋。这是一本“软装 + 餐饮”的跨界著作，是生活美学方式的一种体现。

内容简介

去餐厅是为了吃饱，而去“生活美学空间”则是为了欣赏美的环境和享受美食文化。在当今消费美学时代来临之际，一大批有着文化素养和审美能力的消费者，开始对“餐饮美学空间”表示关注。

本书就是从消费者和创业者的需求出发，针对不同国度的菜系，分别从饮食文化、餐饮特点及空间氛围的营造手法等方面入手，详细剖析不同菜系的饮食特色，并通过经典案例进行展示，是一本既适合餐饮从业人员、也适合室内设计师阅读的“饕餮”之作。

作者简介

简名敏，先后毕业于美国芝加哥花艺学院及日本京都六角堂池坊学院，并取得正式教授学位。1994 年取得法国 C.I.F.A.F 环境景观硕士学位。1996 年移居上海，专注于室内空间陈设与软装设计工作。2011 年开启先河出版我国第一本软装设计工具书《软装设计师手册》，2013 年出版中英文双版《软装设计礼仪》，两书均在业界引起强烈反响。

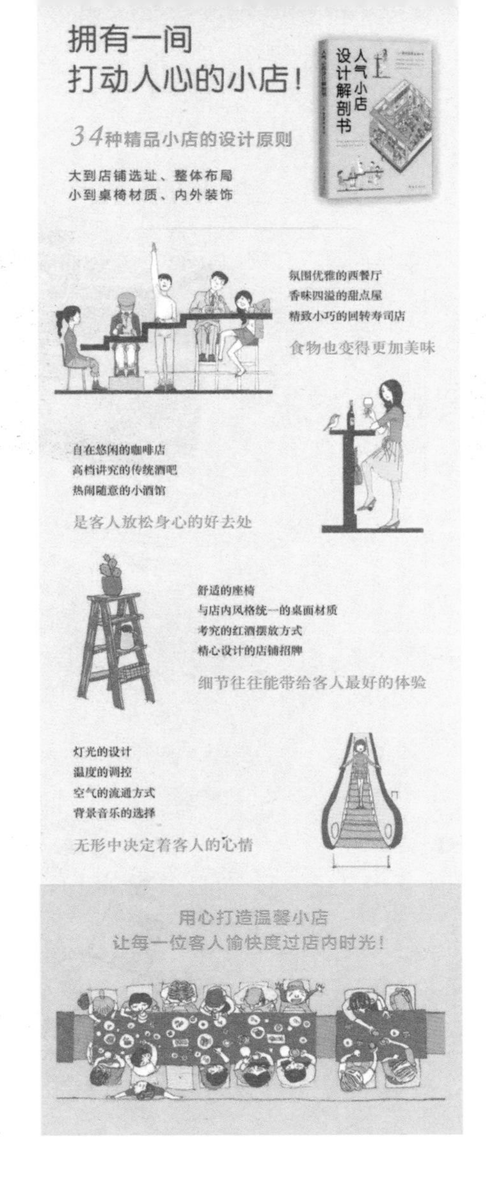

书 名：人气小店设计解剖书
ISBN：978-7-5442-8419-6
定价：39.00 元
作者：高桥哲史
作者国别：日本
出版时间：2016.8
出版社：南海出版公司
图书策划公司：新经典文化股份有限公司
译者：董方
开本：32
装帧：平装
版次：第 1 版
页数：160

《人气小店设计解剖书》

编辑推荐

为常见店面类型提供全方位设计方案，美观、人性化的设计，让人怦然心动！直观的剖面图，清晰明了。本书既能为私营店主和设计师提供参考，也能使普通读者收获智慧和灵感的启迪。

作者简介

高桥哲史，日本设计师，1960 年生于千叶，曾就职于设计工场株式会社。2003 年，在六本木成立了自己的工作室——madein。他的设计领域包罗万象，除餐饮店内装，还曾参与企业宣传设施的策划、公共资料馆和公园的设计、美国环球影业的设计、插图制作等。另外，他还涉足儿童玩具、成年人俱乐部、老年人专用设施等设计领域，并颇有建树。著有《建筑风格之书》等，也是多家室内设计杂志的撰稿人。

内容简介

《人气小店设计解剖书》：你是否也梦想开一家自己的小店？氛围优雅的料理店、香甜四溢的甜点屋、悠闲的咖啡店、治愈系小杂货店……看着客人们大快朵颐或留恋于店内精美的陈列，自己内心也得到满足。这里不仅是出售商品和服务的地方，还是客人独享惬意时光、与三五好友小聚的轻松空间。如何打造这样一方满载情怀和梦想的空间呢？书中以直观的解剖图，介绍了 34 种店面类型的设计方案。大到选址、整体空间布局、风格打造，小到店内桌椅材质、装饰品、背景音乐等细节元素的选择，所有的设计均以打动人心为宗旨，在合理预算内打造出人气店铺。

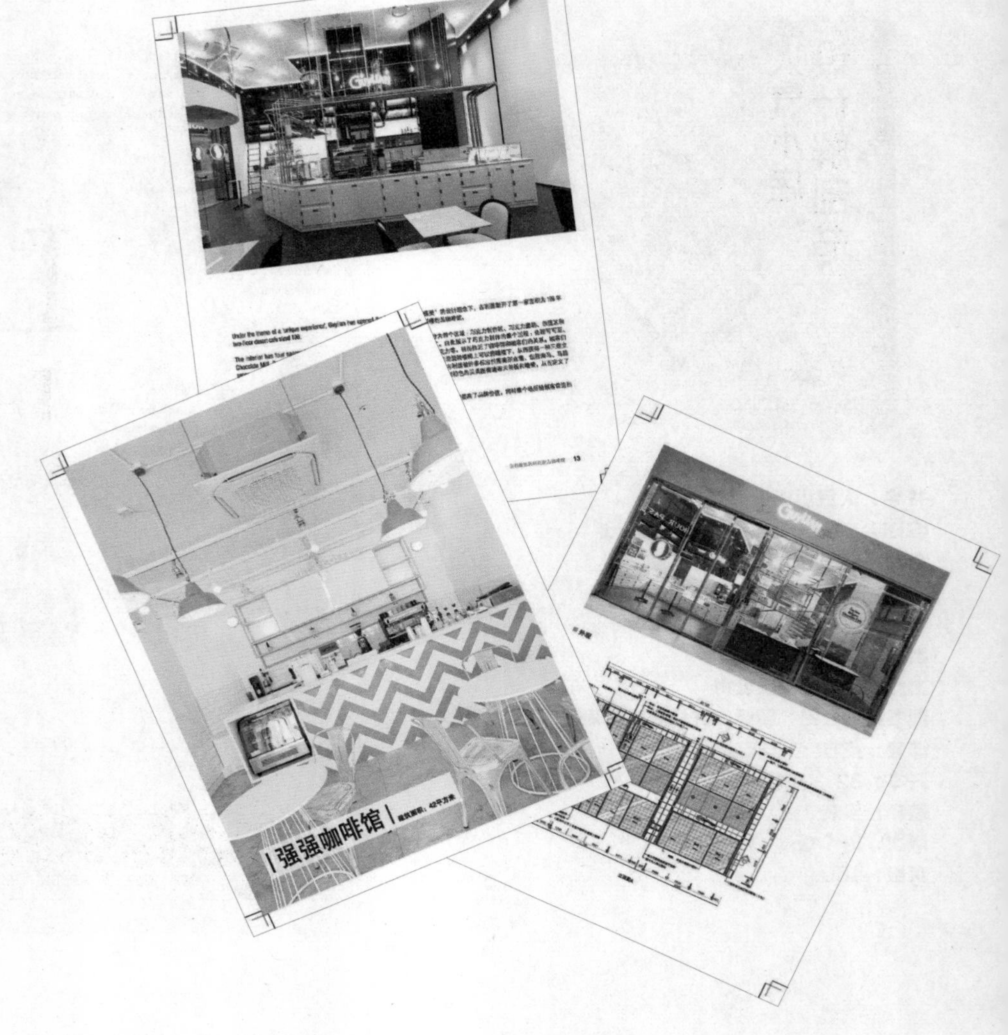

作者姓名：凤凰空间
出版社名称：江西科学技术出版社
ISBN: 978-7-5390-5617-3
语种：中文
价格：198.00 元
装帧：精装
版次：第 1 版
出版时间：2017.9
开本：16
页数：192

《室内细部图集 4 咖啡馆》

编辑推荐

《室内细部图集》全套共 6 本，书中介绍了百余个室内设计实例，共分为十大类，每类含有几个到十几个真实案例，每个案例都配有若干实景图和详细的施工图。

书中施工图可凭书内所附的密码在凤凰空间官网免费下载，并可经过简单转换，便可在 CAD 中打开并编辑，为读者们仔细探究细节和借鉴案例内容提供了便利。

书中的每一个案例都配有一小段简明扼要的设计风格解析，帮助读者轻松抓住每一个设计要点和细节的把控，对空间的设计特点阐述得清晰明了。

内容简介

本套丛书共 6 册，以图集的形式介绍了 21 世纪的餐厅、商店与住宅、办公场所与教育机构、咖啡馆、医疗中心与文化中心、酒店与休闲场所的室内细部设计，精美的场地实拍照片和丰富翔实的细部设计图纸可以帮助设计师加深对空间的理解，并帮助他们进而形成新的富于创造性的思想。本册是咖啡馆的室内设计，介绍了 22 家国外特色咖啡馆的室内设计规划实例。

书 名：我家就是咖啡馆
ISBN：978-7-5537-4910-5
定价：48.00 元
作者：Ting&Sam
作者国别：中国台湾
出版时间：2015.7
出版社：江苏凤凰科学技术出版社
图书策划公司：天津凤凰空间文化传媒有限公司
开本：16
装帧：平装
版次：第 3 版
页数：216

《我家就是咖啡馆》

编辑推荐

《我家就是咖啡馆》融合了日杂风、北欧风、英式工业风、无印良品风、美式乡村风、经典怀旧风、现代极简风、混搭风等 8 种元素定位风格，20 个屋主案例详细解说，6 间特色材料店，推荐选购，手把手教你做设计，把你的家变成 café style，找到你的风格，重新定义自己的咖啡馆。

作者简介

Ting，毕业于台湾淡江大学大众传播学系。曾任电视台新闻记者、报社房地产资深编辑，现为居家类部落客。Sam，出身古都台南，毕业于台湾淡江大学大众传播学系。曾任电视节目策画、家居类杂志资深编辑，现为四处挖宝部落客。

内容简介

《我家就是咖啡馆——打造手感风格窝》，第一部分讲解打造咖啡馆风的必备设计元素。定位整体色系、木质家具、投射灯、特色家饰、书柜、层架、墙面设计、风格角落、吧台设计、窗设计以及书墙设计等方向，借由图文形式完全拆解咖啡馆风居家空间设计细节，让你学会如何打造最到位的咖啡馆风居家。第二部分精选 20 位屋主案例。讲解设计风格、空间故事、空间配置、居家小档案、平面设计图等，参考成功设计案例如何有效利用空间，重现慵懒、随兴的咖啡馆风格空间与氛围。第三部分为特家具展示。为方便读者，介绍几家可以买到咖啡馆风格的装饰对象和工具。只要一个小对象，就能为风格画龙点睛。

NEO-CLASSICAL INTERIOR
DECORATION IN HOTELS

>>> 4.3

奇居良品家居体验馆

为广大读者推荐店铺自然不可马虎，小编先在网上进行了详细调查和筛选，最终锁定了“奇居良品”。该店产品不仅设计感十足，价位也十分合适。别看只是网店，线下也是拥有百人以上的实体企业。小编亲自去了上海的实体店进行实地考察，对每个产品都进行了深度了解。每个产品的背后都是设计师辛苦汗水的结晶，从设计到材料的选择都严格把控，力求将产品完美地展现给顾客。

奇居良品家居体验馆——热带风情篇

达人说

品牌创始人：杜定川

奇居良品创立于 2009 年，推崇以人为本的设计理念；围绕人文艺术，融合现代潮流设计元素，打造实用的高品质整体软装产品系列。奇居良品产品涵盖七大软装风格，7000 多款家居单品，10000 平米的现货仓储，我们通过专业的软装设计服务团队，为客户提供专业的软装设计服务和产品解决方案，致力于成为一站式服务的人文艺术整体家居品牌。

奇居良品家居旗舰店

网址：https://qjlp.tmall.com/

实体店地址：上海市静安区汶水路 480 号
鑫森园区 1 栋 105 号

营业时间：周一到周日 9:00-18:00

卡迪波普风手工铝皮单椅　6980 元

产品介绍：这款单人沙发软包靠背，波普风格，大胆的用色搭配，个性，舒适，多种色彩搭配增添一丝精细的做工与设计，蕴含着独特的风格

手感仿真植物波尔多果　49.9 元

产品介绍：仿真果实，造型别致，硕果累累，保存时间久，适合放在客厅装饰，使整个空间更加立体

西班牙铜制座钟摆件　6198 元

产品介绍：采用青铜材质的复古金属光泽，透露出质感，凸显精致的格调

高仿真装饰绢花　58 元

产品介绍：玫瑰是象征爱情的花束，但一般都会凋谢，这款仿真玫瑰，不仅不会凋零，而且搭配的效果很好，让人眼前一亮

热带丛林鹦鹉装饰画　778 元

产品介绍：精选优质材料，彩色热带丛林图案，淡淡的艺术成效，让人赏心悦目

黑金色格纹玄关柜　29458 元

产品介绍：采用典雅的色彩搭配，明亮而温暖，外形淳朴、自然，线条简约，抽屉的设计空间，木质色泽古朴、纹理清晰

印度进口手编黄麻地毯

160cm×230cm——9917.60 元
200cm×290cm——15631 元
250cm×350cm——23581.30 元
300cm×340cm——32340 元

产品介绍：古典图案花纹制作，流行的色调搭配内部图案元素丰富而有创意，蕴含异国情调的设计总能让产品更显得特别

新中式花鸟装饰画　898 元

产品介绍：高贵典雅，进口画芯，高品质画面，丰富多彩的花鸟图案装饰亮点的效果，与复古中式色调和谐

白黑斑马装饰油画　1598 元

产品介绍：斑马图案栩栩如生，让人赏心悦目，经典简约的色彩在画面跳跃，是装饰墙面的不二之选

美式风家具箱子　1998 元

产品介绍：造型采用箱子的设计，铆钉搭配边角设计，配以做旧工艺的细腻，优雅的曲线弧度，兼具美观与实用